Klaus M. Leisinger
Karin Schmitt
(Hrsg.)

Überleben im Sahel

*Eine ökologische und
entwicklungspolitische Herausforderung*

Birkhäuser Verlag
Basel · Boston · Berlin

Klaus M. Leisinger ist a.o. Professor für Entwicklungssoziologie an der Universität Basel und Leiter der Ciba-Geigy Stiftung für Zusammenarbeit mit Entwicklungsländern.

Karin Schmitt ist Mitarbeiterin der Ciba-Geigy Stiftung für Zusammenarbeit mit Entwicklungsländern und dort unter anderem mit den Themen Frauen, Umwelt und Entwicklung beschäftigt.

Das Autorenhonorar dieses Buches wird für den Ankauf von Hirsemühlen für Frauen im Sahel verwendet.

Die deutsche Bibliothek – CIP-Einheitsaufnahme

Überleben im Sahel : eine ökologische und entwicklungspolitische Herausforderung / hrsg. von: Klaus M. Leisinger ; Karin Schmitt. – Basel ; Boston ; Berlin : Birkhäuser, 1992
   ISBN 3-7643-2710-3
NE: Leisinger, Klaus M. [Hrsg.]

© 1992 Birkhäuser Verlag Basel
Umschlaggestaltung: Aline Weidmann, Basel
Photos: Daniel Maselli, Geographisches Institut der Universität Bern
Graphiken: B. Messerli, Geographisches Institut der Universität Bern
Printed in Germany
ISBN 3-7643-2710-3

Inhaltsverzeichnis

Vorwort 7
Einleitung 10

I. Der Sahel

1. Geographischer Umriß 17

2. Historischer Überblick 19

3. Bevölkerung 24
   3.1 Demographische Entwicklung 24
   3.2 Bevölkerungsdichte 25
   3.3 Beschäftigungsstruktur 26
   3.4 Verstädterung 28
   3.5 Wirtschaftliche und soziale Entwicklung 30

4. Landwirtschaftliche Produktion in der Sahelzone 32
   4.1 Die Entwicklung der Nahrungsmittelproduktion
       seit 1960 32
   4.2 Sozio-ökonomische Begrenzungsfaktoren
       der landwirtschaftlichen Entwicklung 34

5. Die naturräumlichen Grundlagen des Sahel 37
   5.1 Klima 37
   5.2 Wasser 43
   5.3 Böden 44
   5.4 Vegetation 45

6. Umweltzerstörung im Sahel 49
   6.1 Bewahrung der Umwelt: Ein Menschenrecht 49
   6.2 Rückgang der Artenvielfalt 52
   6.3 Desertifikation und ihre Folgen für die Ökosysteme 57
   6.4 Menschliche Eingriffe in die Natur und Desertifikation 67

7. Der Überlebenskampf der Frauen im Sahel 78
   7.1 *Produktion und Reproduktion in der*
       100-Stunden-Woche 79
   7.2 *Der Exodus der Männer* 82
   7.3 *Die Auflösung der Familienstrukturen* 83
   7.4 *Neue Selbständigkeit* 86
   7.5 *Der Kampf gegen die Wüste* 87
   7.6 *Forderung der Frauen* 89

8. Eine tragfähige Entwicklung:
   »sustainable development« 92

Anmerkungen zu Teil I 105

II. Mali: Ein typisches Sahelland

1. Geographische Lage und ethnische Zusammensetzung 117

2. Wirtschaft 123

3. Politik 127

4. Umwelt- und sozialpolitische Problemkreise Malis 132

5. Die Landwirtschaft Malis 138
   5.1 *Die naturräumlichen Grundlagen Malis und das daraus*
       resultierende Nutzungspotential für den Menschen 139
   5.2 *Die Landwirtschaftspolitik in Mali und ihr Einfluß*
       auf die Nahrungsmittelproduktion 151
   5.3 *Die Bedeutung von Saatsorten für die*
       Nahrungsmittelproduktion 155
   5.4 *Hirse* 156
   5.5 *Sorghum* 159
   5.6 *Traditionelle Verarbeitung von Hirse und Sorghum* 161
   5.7 *Angebot und Nachfrage von Hirse und Sorghum*
       in Mali 162
   5.8 *Begrenzungsfaktoren des Hirse- und Sorghum-Anbaus* 166

6. Qualitätssaatgut für den Sahel
   Erforschung, Züchtung und Vermehrung neuer
   Hirse- und Sorghumvarietäten in Mali 172
   6.1 *Resistenz bzw. Toleranz*
        gegenüber ökologischen Begrenzungsfaktoren 174
   6.2 *Resistenz bzw. Toleranz*
        gegenüber biotischen Begrenzungsfaktoren 175
   6.3 *Die Station de Recherche Agricole in Cinzana, Mali* 178
   6.4 *Ernährungswissenschaftliche Forschung in Mali* 182
   6.5 *Vermehrung und Verbreitung selektionierter Saat-*
        sorten für Nahrungsmittelkulturen in Trockenzonen ... 184

III. Schlußbemerkungen 189

Anmerkungen zu Teil II und III 197

Schaubilder

1 Die Sahelzone 18

2 Abweichung der Niederschläge in Prozent vom
  langjährigen Mittel für den gesamten Sahelraum 39

3 Klima und Umwelt des nördlichen Afrika in den
  letzten 18000 Jahren 41

4 Erosion und Bevölkerung. Verminderung der Tragfähigkeit bis zum Jahr 2000 ohne Bodenkonservierung   77

5 Die Klimazonen Malis 116

6 Die Wüstenzone Malis 140

7 Die Sahelzone Malis 142

8 Die Flußgebiete Malis 145

9 Die Savannen Malis 147

Tabellen

1 Bevölkerungswachstum in der Sahelzone 24

2 Wirtschaftliche und soziale Entwicklung der Sahelzone   30

3 Verlust des Lebensraumes von Wildtieren in der
  Sahelzone 54

4 Soziale Benachteiligung der Frauen in der Sahelzone ...   81

5 Umweltschützende Technologien und ihre
  Auswirkungen 102

6 Indikatoren zum Gesundheitsprofil Malis 133

Vorwort

»Überleben im Sahel« ist eine Gemeinschaftsarbeit von Theoretikern und Praktikern vieler Disziplinen, von Frauen und Männern aus Europa, Afrika und den Vereinigten Staaten. Ohne diese facettenreiche interdisziplinäre Zusammenarbeit wäre es nicht möglich gewesen, die komplexen und interdependenten umwelt- und entwicklungspolitischen Problemkreise, wie sie in der Sahelzone vorgefunden werden, hier darzulegen.

Die Idee zu diesem Buch entstand aus der Überlegung, daß es möglich sein müsse, ein konkretes Projekt der Entwicklungszusammenarbeit auf dem Gebiet der Saatforschung in Cinzana (Mali) in einen größeren Zusammenhang zu stellen und dadurch – bei aller Bedeutung der erfolgreichen Projektarbeit – die Begrenztheit punktuellen Arbeitens und die Notwendigkeit ganzheitlichen entwicklungspolitischen Handelns aufzuzeigen.

Die Hungerkatastrophen, von denen die Menschen in der Sahelzone in den letzten 25 Jahren heimgesucht wurden, haben viele Menschen in den Industrieländern tief bewegt und ein Informationsbedürfnis für die Gründe des dadurch verursachten unermeßlichen menschlichen Leids geweckt. Daher besteht – wie bei allen anderen komplexen Sachverhalten im umwelt- und entwicklungspolitischen Bereich – eine Pflicht zur Allgemeinverständlichkeit. Aus diesem Grund wurde trotz der Wissenschaftlichkeit des Arbeitsansatzes versucht, auch Leser ohne besondere Vorbildung anzusprechen. Das Buch will einen leicht verständlichen Einblick in die Komplexität der Probleme geben, die einer dauerhaften Entwicklung für die Menschen im Sahel entgegenstehen. Dabei können viele wichtige Themen, die eigentlich einer vertieften und breiteren Auseinandersetzung bedürften, hier nur angerissen, keinesfalls hinreichend abgehandelt werden. Am Ende des zwanzigsten Jahrhunderts deutet vieles darauf hin, daß es umwelt- und entwicklungspolitische Sachverhalte sind, die über ein Überleben der Spezies Mensch in Frieden, Gerechtigkeit und bei Bewahrung der Schöpfung entscheiden. Das vorliegende Buch soll daher auch interessierte Laien motivieren, sich vermehrt mit diesen Themen zu befassen.

Ich möchte einer Reihe von Personen für ihre Mitarbeit an diesem Buch ganz herzlich danken, ohne die dieses Buch nicht entstanden wäre:

Zunächst und vor allem Frau *Karin Schmitt* von der Ciba-Geigy Stiftung für Zusammenarbeit mit Entwicklungsländern, die das Buch konzipierte, alle potentiellen Quellenpersonen ausfindig machte, sie um einen Beitrag für die Veröffentlichung bat und danach mit sanften Druck für die termingerechte Ablieferung der zugesagten Manuskripte sorgte. Sie erstellte den Buchtext, indem sie die zum Teil unvereinbaren Mosaikstücke ergänzte und erweiterte sowie Beiträge zu nicht abgedeckten Themenkreisen schrieb.

Prof. Dr. *Montague Yudelman*, dem ehemaligen Direktor der landwirtschaftlichen Abteilung der Weltbank, der seine 30-jährigen Erfahrungen mit der ländlichen und landwirtschaftlichen Entwicklung Afrikas kollegial in diese Veröffentlichung eingebracht und termingerecht eine Evaluation der Station Cinzana durchgeführt hat;

Der Politologin Frau *Gudrun Graichen-Drück*, die großzügig einen Beitrag über die Situation der Frauen im Sahel zur Verfügung stellte, der als Kapitel 7 Eingang in dieses Buch fand;

Prof. Dr. *Bruno Messerli* und seinen Mitarbeitern im Geographischen Institut der Universität Bern, *Jürg Brand, Thomas Hofer, Susanne Wymann, Markus Wyss* und, in besonderem Maße, Herrn *Daniel Maselli* für ihren Input zu den naturräumlichen Grundlagen des Sahels und Malis;

Herrn Dr. *Oumar Niangado*, dem Leiter der Saatforschungsstation in Cinzana, Mali, dem der Erfolg der dortigen Arbeit hauptsächlich zu verdanken ist, und der wertvollen Input zu diesem Buch gab;

8

Herrn *Felix Nicolier*, dem bei der Ciba-Geigy Stiftung für Cinzana Verantwortlichen, der die Arbeit am Buch kritisch und konstruktiv begleitete;

Frau Dipl.ing.agr. *Renate Gielen*, der Leiterin des gemeinsamen Projektes von UNDP, FAO und des malischen Landwirtschaftsministeriums »Multiplication et Diffusion des Semences sélectionnées des Espèces vivrière de Culture sèche« in Bamako, Mali;

Frau *Mariame Haidera*, der Ernährungsspezialistin vom Institut d'économie rurale (IER) in Bamako, Mali;

Herrn Dr. *Hartmann P. Koechlin*, dem Honorar-Konsul Malis in Basel, für seinen Beitrag zum Stand der politischen Ereignisse in Mali und seinen Input zur Entstehungsgeschichte der Station Cinzana, für die er als damaliger Leiter der Ciba-Geigy Stiftung Verantwortung trug;

Herrn Dr. *Bernhard Gardi* vom Museum für Völkerkunde in Basel für seinen historischen und ethnischen Überblick zur Sahelzone;

Herrn Dr. *John F. Scheuring*, der als Saatspezialist der ICRISAT wesentlichen Anteil am Aufbau der Station in Cinzana hatte und bis heute mit Rat und Tat die Geschicke der Saatforschung in Mali positiv beeinflußt; sowie

Frau *Dorothée Engel* vom Lektorat Sachbuch des Birkhäuser Verlags, die uns in unserem Bemühen unterstützte.

Ihnen allen nochmals meinen herzlichen Dank für Ihre Mitarbeit.

Klaus M. Leisinger
Basel, im Mai 1992

Einleitung

Der Bericht der Wirtschaftskommission für Afrika zeigte im Jahre 1983 die Perspektiven des afrikanischen Kontinentes bis zum Jahre 2008 auf. Für den Fall, daß in den einzelnen Ländern keine wesentlichen politischen, wirtschaftlichen und sozialen Verbesserungen eingeleitet würden, sah man für das Jahr 2008 einen »Alptraum« voraus: Überbevölkerung, Landknappheit, Armut und Hungersnöte unvorstellbaren Ausmaßes.[1] Seit 1983 hat sich die Situation wesentlich verschlechtert, besonders die Länder der Sahelzone nähern sich diesem Katastrophenszenario.

Wenn eine Region der Erde zu nennen wäre, an der man beispielhaft die Probleme der Unterentwicklung erläutern und das durch Armut bedingte menschliche Leid aufzeigen kann, so ist das wohl die Sahelzone. In den betroffenen Ländern – Tschad, Gambia, Niger, Mauretanien, Senegal, Burkina Faso und Mali – sind die Menschen mit allen entwicklungspolitischen Problemkreisen konfrontiert: Armut, Hunger und Krankheit, hohes Bevölkerungswachstum, Umweltverschlechterung sowie zunehmende Verknappung der natürlichen Ressourcen.

Seit den siebziger Jahren dieses Jahrhunderts assoziieren viele Menschen das Wort »Sahel« mit Dürre, Hungersnot, Bürgerkrieg, Flüchtlingselend und stetig wachsender Not – kurz: mit unlösbaren Problemen und Hoffnungslosigkeit. Dies war nicht immer so: Noch im Mittelalter war diese Region für Reisende das rettende »Ufer« – arabisch »Sahìl« –, weil sich dort nach der Durchquerung des »Wüstenmeeres« die Vegetation wieder zeigte, Wasser wieder verfügbar wurde und menschliche Siedlungen florierten.

Die heutige, problemüberlagerte Wahrnehmung der Sahelzone wurde hauptsächlich dadurch geprägt, daß die drei großen Dürrekatastrophen und deren Auswirkungen seit dem Ende der sechziger Jahre in dieser Region Millionen von Menschen das Leben kosteten und kein Ende der Not absehbar ist. Immer mehr Menschen können sich auf dem ihnen zur Verfügung stehenden Land nicht mehr angemessen ernähren oder finden keine Arbeit, die ihnen einen Lebensunterhalt sichern könnte, und müssen daher den Sahel verlassen. Heute, so macht es den Anschein, türmen sich schon bei bescheidenen Bemühungen zur Ernährungssicherung, zur geringfügigen Hebung des Lebensstandards und zur Schaffung produktiver Arbeitsplätze geradezu unüberwindbare Hindernisse auf.

Die Zeit für Lösungen drängt. Nichtstun oder Resignation würde nicht nur das heutige menschliche Leid zementieren, es würde darüber hinaus zu einer Verschärfung aller Probleme führen, da das hohe Bevölkerungswachstum und die schleichende Umweltzerstörung eine permanente Erosion der Lösungsoptionen bewirken. Die Wahrscheinlichkeit, daß eine wachsende Zahl von Umwelt- und Armutsflüchtlingen aus der Dritten Welt als Emigranten an unsere Tür klopfen, und somit ihre Überlebensprobleme zu unseren innenpolitischen Problemen werden, steigt ebenfalls. Angemessene Hilfe ist aus dieser Perspektive nicht nur humanitäre Pflicht, sondern liegt auch in unserem wohlverstandenen Eigeninteresse. Außerdem ist es für die armen Menschen in der Dritten Welt würdiger, ihnen in ihrer angestammten Heimat zu einer Existenzsicherung zu verhelfen, als sie bei uns, einer für sie fremden, oft genug ablehnenden Kultur und einem völlig anderen sozialen Umfeld zu einem Leben am Rande der Gesellschaft zu verurteilen.

Was aber ist »angemessene Hilfe«? Welche Unterstützung von außen kann dazu beitragen, den Menschen im Sahel eine Perspektive zu geben, für die es sich lohnt, in ihrer Heimat zu bleiben?

Lösungen für die Probleme der ländlichen Unterentwicklung in der Sahelzone müssen in den betroffenen Ländern selbst gesucht werden. Nahrungsmittelhilfe von außen kann nur dann sinnvoll sein, wenn sie zur Abwendung oder zumindest Linderung von akuten Hungersnöten verwendet wird. Sie sollte nicht zur Dauereinrichtung werden, das würde neue und nicht weniger schwerwiegende Probleme schaffen. Die Herausforderung liegt demnach in der Suche nach umweltverträglichen, arbeitsintensiven und dennoch produktivitätserhöhenden landwirtschaftlichen Strategien.

'Große' Lösungen im Sinne von entwicklungspolitischen Blaupausen, die überall und immer angewendet werden könnten, gibt es nicht. Wie bei allen anderen komplexen Problemen unserer Zeit bringt nur die Vielzahl der kleinen Schritte in der richtigen Richtung nachhaltigen Erfolg. Eine afrikanische Weisheit beschreibt das so: »Wenn viele kleine Menschen an vielen kleinen Orten viele kleine Dinge tun, dann verändert sich das Gesicht der Welt.«

Die große Not der Menschen im Sahel hat viele Ursachen, einige davon liegen in der kolonialen Vergangenheit, andere sind in traditionellen Denk- und Verhaltensweisen begründet. Tragende Fäden in diesem komplex verwobenen Problemteppich sind das Klima, das verwundbare Ökosystem, zerstörerische Produktionsmuster in der Land- und Viehwirtschaft sowie das hohe Bevölkerungswachstum.

Eine Überlebensstrategie für die Menschen im Sahel muß, wenn sie Aussicht auf Erfolg haben will, viele Probleme anpacken und viele Widerstände überwinden. Dazu ist in erster Linie der entsprechende politische Wille bei denjenigen Persönlichkeiten erforderlich, die in den betreffenden Ländern die Regierungsverantwortung tragen.

Die Wirksamkeit der Entwicklungszusammenarbeit, d.h. das Zuführen von externen Mitteln zur Unterstützung lokaler Bemühungen, setzt voraus, daß zunächst gemeinsam mit allen Beteiligten die bestehenden Probleme erörtert und alternative Lösungsvorschläge gegeneinander abgewogen werden. Das gemeinsam als angemessen erachtete Maßnahmenpaket muß in diesem Abwägungsprozeß auf alle sozialen, wirtschaftlichen und ökologischen Auswirkungen hin untersucht werden. Wenn danach auch bei der Durchführung der beschlossenen Projekte in kooperativer Vernunft alle Beteiligten zusammenarbeiten, sind gute Erfolgsaussichten gegeben.

Die Kenntnis der Zielgruppen und ihrer spezifischen Bedürfnisse sowie die Fähigkeit zur konstruktiven Zusammenarbeit eröffnet fruchtbare Möglichkeiten, um vorhandenes, traditionelles Wissen mit modernen Mitteln und Methoden zu kombinieren und somit Lösungsansätze zu finden, die den spezifischen Problemen vor Ort optimal angepaßt sind. Bei anderem Vorgehen besteht die große Gefahr, daß gut gemeinte Maßnahmen im Treibsand der wachsenden Probleme versickern und entsprechendes Handeln zur unbefriedigenden Symptombekämpfung verkommt.

Die Gesamtproblematik der Armut der Menschen im Sahel ist mit einem komplexen Mosaikbild vergleichbar: Jeder Stein des Mosaiks ist wichtig, jeder hat sein spezifisches Gewicht und seine spezielle Erscheinungsform, aber nur alle zusammen ergeben das Gesamtbild. Genauso ist es mit den Lösungsansätzen: Das Bearbeiten eines jeden Problemkreises ist für sich gesehen wichtig und bedeutsam. Für eine Lösung der Gesamtproblematik sind jedoch gleichzeitig durchgeführte, komplementäre Maßnahmen bei allen anderen Problemkreisen erforderlich.

Um eine angemessene wirtschaftliche und soziale Entwicklung für die Menschen in der Sahelzone nachhaltig und zukunftsfähig zu machen, müssen Ressourcen erhalten und nicht zerstört, Hoffnung geweckt und nicht erstickt und jegliche Fortschritte – mögen sie auch noch so klein erscheinen – gehegt und gepflegt werden. Resignation ist unangebracht, denn Fortschritte sind möglich – auch im Sahel. Davon berichtet dieses Buch.

Nach einer Einführung in das gesamte Spektrum der Lebensbedingungen und der Menschen in der Sahelzone wird aufgezeigt, wie in der Vergangenheit entwicklungspolitische Interventionen von außen oft daran gescheitert sind, daß sie an den Möglichkeiten der Geber und nicht an der Absorptionskapazität der Nehmer orientiert waren, daß sie zu sehr auf High-Tech abgestellt und zu ressourcenintensiv waren, und daß wichtige Teile der Zielbevölkerung – besonders die Frauen – vernachlässigt wurden. Die Ernährungsprobleme, die die Sahelzone als Ganzes bedrohen, aber auch Lösungsansätze, die sich dafür anbieten, werden am Beispiel Malis, eines der Sahelländer, und der wichtigsten Nahrungsmittelkultur der ganzen Region, der Hirse, dargelegt.

Am Beispiel eines Entwicklungshilfe-Projektes wird gezeigt, wie Initiativen unter dem Motto »small is beautiful« langsam, aber systematisch zu Ergebnissen kommen, die von der Zielbevölkerung als ihre eigenen empfunden werden und die deshalb mit entsprechender Motivation weitergetragen werden. Es ist *ein* konkretes Beispiel in *einem* konkreten sozialen Umfeld für die nachhaltige Machbarkeit von Interventionen mit »mittleren Technologien«, die sowohl finanziell als auch unter den lokalen Umweltbedingungen für die Betroffenen im Sinne des »sustainable development« tragbar sind.

I Der Sahel

1 Geographischer Umriß

Die Sahelzone umfaßt einen ungefähr 5000 km langen und 300 km breiten Streifen am Südrand der Sahara, in dem sich Klima, Landwirtschaft und Lebensweise über Staatsgrenzen hinweg relativ einheitlich präsentieren. Die eigentliche Abgrenzung des Sahel wird meist nicht mit politischen oder geographischen Kriterien vorgenommen, sondern anhand der durchschnittlichen Niederschlagsmenge: Im Norden, am Übergang des Sahel zur Sahara, fallen jährlich durchschnittlich 200 mm Niederschlag, während im Süden Niederschlagsmengen von 600-700 mm die Grenze zur Sudanzone bilden (Schaubild 1). Hauptmerkmal der Sahelzone ist, daß sie häufigen und langanhaltenden Dürreperioden ausgesetzt ist.

Die Länder der Sahelzone umfassen den südöstlichen Randbereich der Wüste Sahara und bilden den semiariden Übergang zu den Savannen West- und Zentralafrikas. Sie sind unterschiedlich groß:

Tschad, Mali und Niger, bedecken je eine Landfläche von über 1,2 Millionen Quadratkilometern (km²), Mauretanien hat etwa 1 Million km² (zum Vergleich: die Schweiz hat eine Fläche von 41'000 km² und das vereinte Deutschland von 356'000 km²). Burkina Faso ist mit 274'000 km² etwas größer als die ehemalige Bundesrepublik (249'000 km²) und Senegal mit 197'000 km² etwas kleiner. Einzig Gambia, der mit etwa 11'000 km² kleinste Festlandstaat Afrikas, fällt etwas aus der Größenordnung.

Trotz ihrer Größe hat kein Land der Region eine Bevölkerungszahl, die jener von London oder Mexico City entsprechen würde. In Burkina Faso leben (1991) etwa 9,4 Millionen Menschen, in Mali sowie auch in Niger und Senegal je etwa 8 Millionen; der Tschad hatte 1991 eine Bevölkerung von etwa 5,1 Millionen, Mauretanien von 2,1 Millionen und Gambia von weniger als einer Million. Zusammen haben diese sieben Länder eine Gesamtbevölkerung von knapp über 41 Millionen Menschen (1991).[2]

Schaubild 1

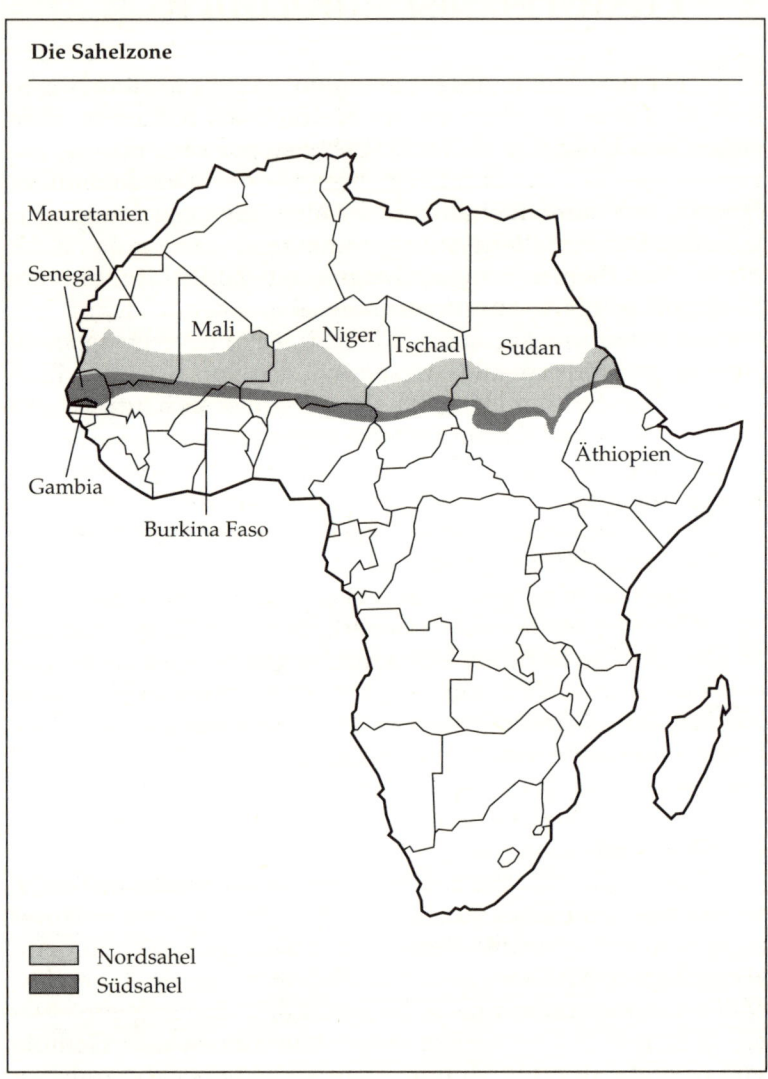

Die Sahelzone

Mauretanien
Senegal
Mali
Niger
Tschad
Sudan
Äthiopien
Gambia
Burkina Faso

Nordsahel
Südsahel

Quelle: H.G. Mensching: Desertifikation, Darmstadt 1990, S. 55

2 Historischer Überblick

Die Geschichte der Sahelzone ist geprägt von den vielfältigsten Begegnungen unterschiedlichster Kulturen. Hier trafen sich Gruppen verschiedener Hautfarbe und Produktionsweisen, Seßhafte und Nomaden. Sie trieben miteinander Handel, schlossen Bündnisse, verschmolzen oder bekämpften sich. Die Sprachvielfalt war seit jeher groß. Aus Nordafrika und dem Sahararaum stammten hellhäutige, berberisch und arabisch sprechende Menschen, weiter südlich lebten dunkelhäutige Gruppen. Ein polarisierendes Einteilen in »schwarz« und »weiß« ist aber wenig sinnvoll. Zu viele Vermischungen fanden statt. Die Sahara war nie eine feste Grenze, eher eine Brücke zwischen den Gesellschaften Nordafrikas und Zentralafrikas. Auch die Wüste war immer bewohnt, wenn auch von wenigen Menschen. Diese aber beanspruchten und kontrollierten weite Räume.

Durch die Sahara führen Handelswege, die seit dem Altertum regelmäßig benutzt werden. Durch den definitiven Austrocknungsprozeß der Sahara, dessen Beginn man um 2500 v. Chr. ansetzt, muß eine Migration sowohl nach Norden als auch nach Süden ausgelöst worden sein. Heute geht man davon aus, daß viele dieser in den Süden abgewanderten Gruppen an die Flüsse Senegal und Niger bzw. an den Tschadsee gelangten, sich dort mit bereits ansässigen Bevölkerungen vermischten oder diese auch bekriegten bzw. weiter gegen Süden zogen. Erst kurz vor Beginn unserer Zeitrechnung trat in der Sahara erstmals das Kamel (genauer: Dromedar) auf. Offenbar war zu jener Zeit der Austrocknungsprozeß so weit fortgeschritten, daß weite Strecken mit dem Pferd nicht mehr zu bewältigen waren.

Viele Wander- und Vermischungsszenarien sind denkbar. Um 1000 n. Chr. hat sich jedoch eine ethnische Verteilung etabliert, die mit der heutigen vergleichbar ist:

Damals hatten sich im Westen die Sanhadja-Berber niedergelassen, die Vorfahren der heutigen Mauren. Im Zentrum lebten die Garamanten, von denen die Tuareg abstammen. Beide Gruppen setzten sich schon damals aus vielen Stämmen zusammen. Nur wenig weiter südlich, in engem Kontakt mit den Sanhadja und Garamanten, lag das Reich Ghana, dessen königliche Herrschaft die Solinke innehatten. Die alten Zentren Ghanas, Audaghost und Koumbi Saleh befinden sich heute in der mauretanischen Sandwüste. Ghana (ca. 6.-11. Jh.) und auch die Nachfolgereiche Mali (13.-16. Jh.) und Songhay (ca. 14. Jh. bis 1591) bezogen einen wesentlichen Teil ihrer Einnahmen aus Zöllen des Trans-Sahara-Handels.

Der Handel war das verbindende Element zwischen den verschiedenen Gruppen der Sahara und des Sahel. Aus Nordafrika gelangten in erster Linie Luxusgüter, namentlich Textilien, in den Süden, daneben spielten Kupfer und Silber eine wichtige Rolle. Der Sahel exportierte nach Sijilmasa, dem heutigen Tafilalt im südlichen Marokko, an erster Stelle Gold, dann Sklaven sowie Pfeffer (oder genauer: Malanguetta aus Guinea, das deshalb später »Pfefferküste« genannt wurde), Straußenfedern, Elfenbein, Indigo, Leder und Bienenwachs.

Für den sahelischen Binnenhandel spielte das Salz schon immer eine bedeutende Rolle: Eine fünfköpfige Familie braucht jährlich rund zehn Kilogramm Salz, zehn Kamele benötigen fünfzig Kilogramm. Salz wurde an verschiedenen Orten gewonnen, so in Idjil (Mauretanien), Taoudenni (Mali) sowie in Fachi und Bilma (Niger).

Handel war möglich, weil das Hinterland des westlichen Sudan genügend Güter produzierte. Während das Salz aus der südlichen Sahara stammte, wurde im Bambuk und Bure, beides Gebiete im Dreiländereck Mali – Senegal – Guinea, das legendäre Gold gewonnen.

Vielleicht noch wichtiger aber war, daß dieses Hinterland auch Wasser zu bieten hatte. Der Niger ist für diesen Raum – aber auch für ganz Westafrika – von großer Bedeutung. Möglicherweise wurde im Umkreis des Nigerbogens die erste Perlhirse (*Pennisetum*) gezüchtet. Kulturpflanzen wie Baumwolle und Indigo wurden hier vor über tausend Jahren – und damit früher als in Europa – angebaut. Auch der

20

Anbau von Reis war bekannt. Fische gab es in großen Mengen, zusätzliches Protein lieferten die Milch und das Fleisch der zahlreichen Zebu-, Schaf- und Ziegenherden der viehzüchtenden Peul. So ist es wohl kein Zufall, daß sich im Bereich des Nigerstroms zwei alte Handelsstädte befinden: Djenné, die bisher älteste bekannte Stadt des subsaharischen Afrika sowie Tombouctou (oder: Timbuktu).

Handel war jedoch immer weit mehr als Transport von Gütern. Handel bedeutete auch damals schon Austausch von Ideen und Menschen. Hierzu gehört auch das frühe Eindringen des Islam, zu dem sich zumindest die Oberschicht bekehrte. Der Islam vermittelte überethnische und dadurch staatstragende Strukturen.

Handel verlangte im weiteren eine Arbeitsteilung. Überall im Sahel und den angrenzenden Gebieten des Sudan war der Besitz von Menschen normal. Sklaven, in eigenen Dörfern zusammengefaßt, bauten das nötige Getreide an, so daß sich deren 'Herren' dem Handel oder dem als 'nobel' betrachteten Kriegshandwerk widmen konnten.

Sklaven – oder Leibeigene, Hörige – waren im Sahel bis Anfang dieses Jahrhunderts der wichtigste Produktionsfaktor überhaupt. Sie stammten aus den südlicher wohnenden, nicht islamisierten ethnischen Gruppen, im besonderen von den Bamana (frühere Rechtschreibung: Bambara), Bobo und Dogon (alle drei in Mali) oder Mossi und Furmantche (Burkina Faso). Diese armen Menschen wurden zumeist durch berittene Truppen geraubt. Das Pferd (im Falle der Tuareg das Kamel) war eine schreckliche Waffe gegen eine seßhafte Bauernbevölkerung. Entsprechend waren die Preise für Pferde auch deutlich höher, ein gutes Pferd kostete damals den Gegenwert von fünf bis zehn Sklaven.

Der Menschenraub wurde zeitlich exakt geplant: In der Trockenzeit (April/Mai) wurden die Überfälle durchgeführt, so daß die neu geraubten Sklaven mit dem Beginn der kommenden Regenzeit (Juni/Juli) gleich mit dem Anbau von Hirse beginnen konnten. Nach der Ernte (Oktober/November) wurde ein Teil dieser Menschen – zumeist die Kranken oder Widerspenstigen – weiterverkauft. Der Sklavenhalter kam so nicht nur zu einer günstigen Ernte, sondern hatte noch zusätzliche Einnahmen in Gold, Pferden oder Gewändern.

Der Begriff »Sklave« ist sehr komplex. Je nach Zeitepoche und Region war das Schicksal der Sklaven verschieden. Zeitweise wurden über 75 Prozent der Bevölkerung in einem Sklaven-Status gehalten. Diese Menschen lebten zwar weitgehend in Freiheit, hatten aber stets erhebliche Abgabeverpflichtungen in Naturalien. Überall im westlichen Sudan wurde zwischen Leibeigenen der ersten, zweiten oder dritten Generation unterschieden. Der Sohn, den eine Sklavin von ihrem Herrn empfing, erhielt den Status eines »Freien«.

Es wäre falsch anzunehmen, nur hellhäutige Gruppen hätten dunkelhäutige Leibeigene besessen, es bestanden auch Sklavenverhältnisse dunkelhäutiger Menschen untereinander. So besaßen zum Beispiel die Tuareg Haussklaven und kontrollierten viele Dörfer, denen das für den Unterhalt notwendige Getreide abgenötigt wurde. Auch die adligen Familien der Soninke, Peul, Bamana oder Bozo (alle Mali) bzw. der Wolof und Tukulor im Senegal oder der Zarma und Haussa im Niger besaßen Leibeigene, die sie für die schweren Arbeiten einsetzten.

Mit der verstärkten europäischen Präsenz an den Küsten Westafrikas wurde der Trans-Sahara-Handel langsam unterhölt. Schon um das Jahr 1600 transportierte ein damaliges europäisches Handels-Segelschiff (Karavelle) deutlich mehr als zweihundert Tonnen Handelswaren, während eine aus tausend Kamelen bestehende Karawane nur etwa hundert Tonnen Güter transportieren kann (pro Kamel hundert Kilogramm). Mit dem Beginn des zwanzigsten Jahrhunderts kam der Karawanen-Handel zwischen Nord- und Zentralafrika praktisch völlig zum Erliegen. Die niedrigeren Transportpreise der Europäer verursachten eine Umpolung der Gütertransporte in Richtung Süden. Das Resultat waren drastische Einkommensverminderungen der Nomadenvölker und eine sukzessive Schwächung der westsudanesischen

22

Reiche, die ihre sich im Sahel befindlichen Zentren nach Norden ausgerichtet hatten.

Die französische Okkupation Senegals, Mauretaniens, Malis und des Niger – des ehemaligen »Afrique Occidentale Française« – war um 1900 abgeschlossen. Die administrativen Verordnungen erzeugten in den anschließenden Jahrzehnten weitreichende Veränderungen: Einer der massivsten Eingriffe war sicher die gewaltsame Beendigung der Stammesfehden. Nachdem die internen Kriege und Konflikte unterbunden waren, wurde kurz darauf (1908) auch die Sklaverei aufgehoben. Im weiteren wurde Silbergeld eingeführt, das anfangs zwar gehortet und für Schmuck verarbeitet wurde, mit der Zeit jedoch die ganze Bevölkerung schrittweise in die Geldwirtschaft einband.

3 Bevölkerung

3.1 Demographische Entwicklung

Die Bevölkerung im Sahel wächst jährlich um etwa drei Prozent, das entspricht einer Verdoppelung in etwa 23 Jahren:

Tabelle 1

Bevölkerungswachstum in der Sahelzone			
Land	Bevölkerung 1991 (in Millionen)	Bevölkerungswachstum (in Prozent)	(absolut)
Burkina Faso	9,4	3,3	310'200
Gambia	0,9	2,6	23'400
Mali	8,3	3,0	249'000
Mauretanien	2,1	2,8	58'800
Niger	8,0	3,3	264'000
Senegal	7,5	2,8	210'000
Tschad	5,1	2,5	127'500
Sahelzone	41,3	3,0	1'242'900

Quelle: Population Reference Bureau: 1991 World Population Data Sheet. Washington, D.C. 1991

Diese Wachstumsrate liegt über dem weltweiten Durchschnitt (1,7%, 1991) und auch über dem Bevölkerungszuwachs aller Entwicklungsländer (2,1%, 1991), sie liegt jedoch unter dem Wert aller Länder Afrikas südlich der Sahara (3,2%, 1991). Auch in der Sahelzone ist das hohe Bevölkerungswachstum eine Konsequenz des starken Absinkens der Sterblichkeitsraten während der letzten 40 Jahre und den unveränderten, ja zum Teil noch ansteigenden Geburtenraten. Vor allem die allgemeinen hygienischen und sanitären

Verbesserungen, der Aufbau von Basisgesundheitsprogrammen, zunehmender Impfschutz, besonders für Kinder, die Verfügbarkeit der oralen Rehydrations-Therapie sowie eine verbesserte Versorgung mit Basismedikamenten (Antibiotika!), haben in relativ kurzer Zeit die Senkung der Sterblichkeit bewirkt. Auch groß angelegte Nahrungsmittel-Hilfsprogramme haben zur Senkung der Sterblichkeitsraten beigetragen, da dadurch auch in Zeiten schlechter Ernten viele Menschen vor dem Verhungern bewahrt werden konnten.

Die Geburtenraten werden im Sahel, wie überall in der Dritten Welt, stark von kulturellen und gesellschaftlichen Faktoren sowie von traditionellen Denk- und Verhaltensweisen geprägt und verändern sich deshalb sehr viel langsamer als die Sterberaten.[3] Die gesunkene Sterblichkeit und die gleichbleibend hohen Geburtenraten haben eine sehr junge Altersstruktur zur Folge. In den meisten Ländern der Sahelzone sind über 45 Prozent der Bevölkerung jünger als 15 Jahre.[4] Das bedeutet, daß nahezu die Hälfte der in der Sahelzone lebenden Menschen noch nicht das reproduktionsfähige Alter erreicht hat. Selbst dann, wenn die Geburtenraten kurzfristig stark fallen sollten – was sehr unwahrscheinlich ist –, wird sich die Bevölkerung in den nächsten Jahren noch fast verdoppeln, weil die Zahl junger Frauen, die ins gebärfähige Alter kommen werden, so groß ist, daß die mögliche Senkung der Geburtenanzahl pro Frau dadurch kompensiert wird.[5] Die Aussicht auf anhaltend hohes Bevölkerungswachstum hat schwerwiegende wirtschaftliche, soziale und ökologische Auswirkungen für die Menschen der Sahelzone.

3.2   Bevölkerungsdichte

Heute (1992) ist die Bevölkerungsdichte, gemessen in Menschen pro km^2, sehr niedrig. In fünf der sieben Sahelländer müssen sich durchschnittlich weniger als sieben Menschen einen Quadratkilometer Lebensraum teilen, nur in Burkina Faso und im Senegal sind es 34 bzw. 38 Menschen pro km² (zum Vergleich: die Bevölkerungsdichte der Schweiz beträgt 161 Menschen pro km², die Deutschlands 223 pro km²). Da sich jedoch nur ein geringer Teil der Landfläche dieser Region für eine wirtschaftlich sowie ökologisch vertretbare Nutzung zur unterhaltssichernden Landwirtschaft eignet, ist das Verhältnis der Anzahl Menschen zum verfügbaren Boden schlechter, als die geringe Bevölkerungsdichte den Anschein erweckt. Die höchste Bevölkerungsdichte pro landwirtschaftlich nutzbarer Fläche findet man in Mauretanien (633 Personen pro km²), Mali (293) und Burkina Faso (228); nur im Senegal ist die Dichte unter 100 pro km².[6]

Durch das Bevölkerungswachstum wird der Lebensraum mit fruchtbaren Böden immer enger und der menschliche Druck auf die Ressourcen größer als die Natur es auf Dauer verkraftet. Ein Zerstörungsprozeß der Umwelt beginnt und setzt sich eigendynamisch fort, da die traditionellen natürlichen Regulierungsmechanismen außer Kraft gesetzt sind.

Das Leben in den ländlichen Gesellschaften der Sahelzone, das früher durch sie selbst und durch ihre Beziehung zur natürlichen Umwelt geregelt wurde, wird zunehmend diktiert von den Auswirkungen eines gestörten ökologischen Gleichgewichtes.

3.3 Beschäftigungsstruktur

Der wichtigste Wirtschaftssektor aller Sahelländer ist die Landwirtschaft. Mit Ausnahme Senegals liegt der Anteil der Industrie am Bruttosozialprodukt unter 30 Prozent, für Mali und Niger sogar unter 14 Prozent.[7] Die große Bevölkerungsmehrheit – in Burkina Faso über 90 Prozent, in Mali und Niger über 80 Prozent – lebt im ländlichen Raum und ist für ihren Lebensunterhalt auf landwirtschaftliche Arbeit angewiesen. Aufgrund der geringen Produktivität und der verbreiteten Unterbeschäftigung sind die Einkommen der meisten auf dem Land lebenden Menschen sehr niedrig; fast die gesamte ländliche Bevölkerung lebt an oder unter der Armutsgrenze.

Die Lebensumstände der Menschen im ländlichen Raum der Sahelzone sind in vieler Hinsicht heute noch vergleichbar mit denen von vor hundert Jahren. Die Zugehörigkeit zu einer bestimmten Sippe und Altersgruppe sowie der damit verbundene Status haben ihre überragende Bedeutung kaum verloren. Die Sklaverei existiert in ihrer ursprünglichen Form zwar nicht mehr, aber traditionelle Hierarchien und ein komplexes Beziehungs- und Verpflichtungsnetz innerhalb der Sippen bestimmen noch immer die Lebensweise der ländlichen Gesellschaften. Die ältere Generation – und dort meist die Patriarchen – übt eine relativ strenge Kontrolle über die jüngeren Mitglieder der Großfamilie bzw. der Sippe aus, bestimmt über Heirat, Kinderzahl, Brautpreis und eine Vielzahl wichtiger wirtschaftlicher Faktoren.[8]

Bei den meisten landwirtschaftlichen Erzeugern handelt es sich um kleinbäuerliche Familienbetriebe, die mit althergebrachten Produktionsmitteln und -methoden arbeiten. Sie hängen für ihren Lebensunterhalt hauptsächlich vom vorgegebenen Boden und seiner natürlichen Fruchtbarkeit sowie von primitiven Arbeitsgeräten ab. Mit einigen Ausnahmen, wie etwa der Verwendung von Eseln in Teilen Burkina Fasos und von Ochsen gezogenen Geräten im Senegal, wird die meiste Energieleistung von menschlicher Arbeitskraft erbracht – sehr häufig von Frauen. Nur in seltenen Fällen werden wenige über den Markt erworbene Mittel zur Steigerung der Produktivität (Saatsorten, Düngemittel, Pflanzenschutz, höherwertige Geräte, etc.) eingesetzt. Dies wirkt sich langfristig sehr negativ auf die ländlichen Einkommen aus.[9]

Wenn sich auch die starren Sozialstrukturen weitgehend gehalten haben, so wird die ländliche Gesellschaftsordnung doch durch den immer enger werdenden Lebensraum, die steigende ländliche Armut und die damit verbundene Landflucht junger Menschen erschüttert.

3.4 Verstädterung

Wie in anderen Teilen Afrikas südlich der Sahara geht mit dem hohen Bevölkerungswachstum und der steigenden ländlichen Armut eine rasche Verstädterung einher. In den Jahren 1980-1989 hat die städtische Bevölkerung der Sahelländer zwischen 3,6 (Mali) und 7,7 Prozent (Niger und Mauretanien) zugenommen. In den meisten Fällen lag das Wachstum der städtischen Bevölkerungen mehr als doppelt so hoch wie das Wachstum der Gesamtbevölkerung. Schon heute leben in Mauretanien 45 Prozent der Gesamtbevölkerung in den Städten (83 Prozent von diesen in der Hauptstadt), im Senegal sind es 38 (Anteil der Hauptstadt 52 Prozent) und im Tschad 29 Prozent (Hauptstadtanteil 43 Prozent).[10]

Die Gründe für das hohe städtische Bevölkerungswachstum liegen zum einen in den unverändert hohen Geburtenraten (sie sind praktisch gleich hoch wie in den ländlichen Gebieten) aber auch in der gestiegenen Landflucht aufgrund der Hungersnöte der Vergangenheit sowie der zunehmenden ländlichen Umweltverschlechterung. Die Dürren der letzten 25 Jahre hatten nicht nur einen destruktiven Einfluß auf die landwirtschaftlich nutzbaren Böden, sie haben auch die ländlichen Gesellschaften destabilisiert – viele Menschen, vor allem junge, haben ihr angestammtes soziales Umfeld verlassen und sind in die Städte gezogen. Der trügerische Lichterglanz der Städte schürte ihre Hoffnung auf bessere Überlebenschancen und einen höheren Lebensstandard.

Obwohl die meisten Landflüchtigen in städtischen Elendsvierteln enden, weil der stark wachsenden Stadtbevölkerung keine entsprechenden Investitionen in zusätzliche Wohnungen, Straßen, in die Trinkwasserversorgung und Abwasserentsorgung entgegenstehen, wirken die großen Städte unverändert als attraktives soziokulturelles Umfeld und schaffen Hoffnung auf bessere Lebensumstände, bessere Ausbildungsmöglichkeiten für die Kinder und die

Chance auf einen sozialen Aufstieg. Teilweise möchten junge Menschen auch ihrer engen Einbindung in die starren Sozialgefüge der traditionellen ländlichen Gesellschaften entfliehen. Nicht mehr unter dem Druck und Einfluß der Großfamilie im Heimatdorf, verlieren traditionelle Werte an Bedeutung, und die Suche nach neuen Werten beginnt. Während vor der Revolution in Osteuropa die verschiedenen Formen des Sozialismus große Attraktivität besaßen, steigt seit einiger Zeit – nicht zuletzt aus Enttäuschung über die ausgebliebenen Früchte des mit der Kolonialisierung und Missionierung assoziierten westlichen Entwicklungsmodells – die Anziehungskraft des Islam, oft in seiner fundamentalistischen Ausprägung.

Die Erfahrung zeigt jedoch, daß die wenigsten, die ihr ländliches Umfeld verlassen, um in den Städten ihr Glück zu versuchen, ans Ziel ihrer Träume und Hoffnungen gelangen. Nur eine kleine Minderheit junger und gut ausgebildeter Leute schafft den Sprung in den modernen Wirtschaftssektor. Der große Rest der Landflüchtigen hat eine ganz andere Geschichte zu erzählen. Sie finden entweder gar keine Arbeit oder sind im informellen Sektor beschäftigt, der ihnen nicht mehr als einen Hungerlohn einbringt. Während prestigebeladenes Mineralwasser in Flaschen abgefüllt zum Vergnügen einiger weniger importiert wird, bleibt ihnen nur Schmutzwasser zum Trinken und Waschen. Während vor teuren Restaurants, Kongreßzentren und Hotels elegante Autos mit leise brummenden Motoren anhalten, aus denen reiche und oft nach letztem westlichem Chic gekleidete Leute aussteigen, müssen die meisten von ihnen auf Dauer in Elendsvierteln in Kartonhütten und Lumpen ein trostloses Dasein fristen.

Ein Leben in absoluter Armut im ländlichen Raum oder das Verwahrlosen in der Stadt – ein wesentlicher Unterschied in der Lebensqualität der Menschen läßt sich kaum erkennen. Die Gefühle der Hoffnungslosigkeit und der Verzweiflung sowie das Bewußtsein über die geringen Chancen, je im Sinne der Werte und Ziele der oberen Gesellschaftsschichten erfolgreich zu sein, ist eine unermeßliche Tragödie der Unterentwicklung. Was das Elend in den Slums der Städte aber unerträglicher macht als das Leben in Armut im ländlichen Raum, ist die tägliche, direkte Konfrontation mit oft kraß zur Schau gestelltem Reichtum einiger weniger – hierin liegt eine oft unterschätzte Gefahr für die nachhaltige friedliche Entwicklung dieser Länder.

3.5 Wirtschaftliche und soziale Entwicklung

Mit der Ausnahme Senegals werden alle Länder der Sahelzone zu den sogenannten *least developed countries* gezählt, also zu denjenigen Ländern, deren wirtschaftliche und soziale Lage am schlechtesten ist und deren Entwicklung die größten Hindernisse entgegenstehen. Die folgenden Indikatoren belegen das niedrige Niveau der wirtschaftlichen und sozialen Entwicklung dieser Länder:

Tabelle 2

Wirtschaftliche und soziale Entwicklung der Sahelzone			
Land	**BSP pro Kopf** [1]	**Lebenserwartung** [2]	**Säuglingssterblichkeit** [3]	**Analphabetenquote** [4]
Tschad	190	47	127	75
Mali	270	48	167	83
Niger	290	45	130	86
Burkina Faso	320	48	135	87
Mauretanien	500	46	123	..
Senegal	650	48	82	72
Gambia	240	44	143	75

[1] *in US $ (1989)*
[2] *bei der Geburt, in Jahren (1989)*
[3] *je 1'000 Lebendgeburten (1989)*
[4] *Anteil der nicht alphabetisierten Erwachsenen an der Gesamtbevölkerung (1985)*

Quelle: Weltbank: Weltentwicklungsbericht 1991. Washington, D.C. 1991

Malische Frauen und Mädchen auf dem Weg zum Wäsche waschen.

Schon früh werden Mädchen mit Aufgaben betraut. Hier mit dem Verkauf von Früchten, …

>

… dort mit dem Hüten von Kindern.

Marktszenen in Mali.

Ein Dorf der Dogon-Bevölkerung in Mali.

Die traditionellen Hirsespeicher der Dogon.

Der Hof des Dorfoberhauptes und seiner Familie in Cinzana, Mali.

Alle Länder der Sahelzone figurieren in der Rangordnung der 130 Länder, die im »Index der menschlichen Entwicklung« des UN-Entwicklungsprogramms (UNDP) aufgeführt werden, ganz unten.[11] Die Lebensbedingungen der Menschen in der Sahelzone sind dadurch geprägt, daß ihre existentiellen Grundbedürfnisse nicht befriedigt sind, mit anderen Worten, daß die Deckung des privaten Mindestbedarfs an Nahrung und Unterkunft sowie eine minimale Versorgung mit lebenswichtigen staatlichen Dienstleistungen, wie die Bereitstellung von gesundem Trinkwasser, sanitären Einrichtungen, Gesundheits- und Bildungseinrichtungen, nicht gewährleistet sind. Besonders die Ernährungsdefizite, also Hunger und Unterernährung, haben katastrophale Auswirkungen auf die Lebensqualität und die Gesundheit der betroffenen Menschen.

Nach Angaben der UNDP lag die Kalorienzufuhr der Menschen der Sahelzone in den Jahren 1984-86 (für andere Jahre liegen vergleichbare Daten nicht vor) unter dem Minimum, das die Weltgesundheitsorganisation (WHO) für das gesunde Überleben als notwendig erachtet. Im Tschad kamen die Menschen nur auf 69 Prozent des Ernährungsminimums, in Mali und Burkina Faso auf 86 Prozent. Von allen Sahelländern konnte nur Niger das Ernährungsminimum für seine Bevölkerung sichern.[12] Der maßgebliche Grund für diese Misere liegt im Mangel an angemessener ländlicher und landwirtschaftlicher Entwicklung der einzelnen Länder.

4 Landwirtschaftliche Produktion in der Sahelzone

Zu den wichtigsten Nahrungsmittelkulturen in der Sahelzone gehören Hirse und Sorghum, sie werden auf 50 bis 70 Prozent der Anbauflächen angepflanzt. Daneben sind die Export-Kulturen (englisch: cash crops) Erdnuß und Baumwolle von großer Bedeutung, wobei Erdnüsse vor allem im Senegal und in Gambia großes Gewicht haben. In Mali, im Tschad und in Burkina Faso ist Baumwolle die wichtigste Exportkultur. Baumwolle wird zwar nur auf einem kleinen Prozentsatz des bebaubaren Bodens kultiviert, ist aber wegen ihres hohen Wertes für 60 bis 80 Prozent der Deviseneinkünfte verantwortlich. Die Viehwirtschaft ist für etwa ein Viertel der Bevölkerung eine wichtige Einkommensquelle.

4.1 Die Entwicklung der Nahrungsmittelproduktion seit 1960

Bis in die sechziger Jahre konnten sich die Sahelländer, mit Ausnahme Senegals, weitgehend selbst mit Nahrungsmitteln versorgen. Von 1960 bis 1985 jedoch nahm die Nahrungsmittelproduktion in der Sahelzone jährlich nur noch um etwa ein Prozent zu und lag damit weit unter der Bevölkerungs-Zuwachsrate. Im Jahre 1988 konnte wegen der ausgiebigen Regenfälle in praktisch allen Sahelländern eine Rekordernte eingefahren werden – doch schon 1990 lag die Ernte wieder 5 Prozent unter den Ernteergebnissen von 1989 und sogar 15 Prozent unter jenen von 1988.[13] Natürlich war die Höhe der jeweiligen nationalen Nahrungsmittelproduktion der Länder immer in erheblichem Ausmaß von klimatischen Faktoren abhängig, es ist jedoch, z.B. angesichts der großen Erfolge in Niger, offensichtlich, daß landwirtschaftspolitische Faktoren, wie die Preispolitik, die Unterstützung der Kleinbauern durch Beratung, Kredite und anderes, den Einfluß klimatischer Störfaktoren entweder verschärfen oder deutlich abfedern können. Um dramatische Engpässe bei der Nahrungsmittelversorgung zu vermeiden, mußte der Rückgang der Nahrungsmittelproduktion pro Kopf durch vermehrte Nahrungsmittelimporte, vor allem Getreide, wettgemacht werden.

Die Getreideimporte – ergänzt durch umfangreiche Nahrungsmittelhilfe – stiegen von etwa 200'000 Tonnen zu Beginn der sechziger Jahre auf über 1,3 Millionen Tonnen in den frühen achtziger Jahren.[14] Im Jahre 1988, einem Jahr mit ausreichenden Regenmengen, wurden sogar noch mehr, nämlich 1,9 Millionen Tonnen Getreide, importiert. Dies bedeutet eine achtfache Zunahme der Nahrungsmittelimporte innerhalb von dreißig Jahren. Was in Jahren der Dürre und in Ausnahmesituationen zur Abwehr verheerender Hungerkatastrophen und Rettung menschlichen Lebens unerläßlich war, wurde mit der Zeit zur Dauereinrichtung: Heute stammen selbst in 'normalen Zeiten' etwa 15 bis 20 Prozent des Nahrungsmittelangebots der Region aus Importen.

Dies ist entwicklungspolitisch unsinnig, denn Nahrungsmittelhilfe kann, wenn sie nicht richtig oder unabhängig von akuten Engpässen auf Dauer eingesetzt wird, eine Reihe negativer Auswirkungen haben. Zum einen drückt das Angebot von außen die Preise der lokal produzierten Nahrungsmittel und nimmt somit den einheimischen Bauern einen Anreiz zur Produktion über ihren Eigenbedarf hinaus. Zum anderen werden in vielen Fällen Überschüsse aus den Industrieländern in die Nahrungsmittelhilfe gegeben. Problematisch sind dabei diejenigen Nahrungsmittel, die in den Empfängerländern selbst nicht angebaut werden können. Durch sie entsteht die Gefahr eines Geschmackswandels bei den Konsumenten, der auf Dauer zu einer niedrigeren Nachfrage nach einheimischen Produkten führt (z.B. die allmähliche Bevorzugung von Weizen gegenüber Hirse). Auf diese Weise kann eine Gewöhnung an das 'süße Gift' Nahrungsmittelhilfe – die oft auch von den Regierungen der Empfängerländer sehr geschätzt wird, weil sie verkauft werden kann und dann einen wichtigen Einnahmeposten für die Regierung darstellt oder zur Versorgung privilegierter Zielgruppen (z.B. der Armee) dient – dazu führen, daß das lokale Nahrungsmittelangebot sinkt.

4.2 Sozio-ökonomische Begrenzungsfaktoren der landwirtschaftlichen Entwicklung

Die Ursachen der landwirtschaftlichen Fehl- und Unterentwicklung im Sahel und damit auch der dortigen Nahrungsmittelproduktion liegen, abgesehen von Klimaschwankungen[15] und schlechter Bodenqualität, zum großen Teil im wirtschaftlichen, politischen und sozialen Umfeld. Nicht nur fehlen den Kleinbauern und -bäuerinnen leicht zugängliche Ausbildungsmöglichkeiten und Beratungsdienste, die an ihren Problemen orientiert sind, sondern auch die Möglichkeit, Kredite aufzunehmen, mit denen sie die notwendigen Inputs wie Dünger, Saatsorten und Geräte erwerben können, um ihre Produktivität zu erhöhen.

Verbesserte Saatsorten, Dünge- und Pflanzenschutzmittel werden als 'technisches Paket' fast ausschließlich für Exportkulturen wie Baumwolle und Erdnuß eingesetzt. Der Gesamteinsatz von Düngemitteln in den Sahelländern macht weniger als die Hälfte des ohnehin schon sehr niedrigen durchschnittlichen Verbrauchs Afrikas südlich der Sahara aus. Produktionssteigerungen sind in der Vergangenheit meist durch die Ausdehnung der Anbauflächen erzielt worden und nur selten durch Ertragssteigerungen.[16] Weniger als ein Prozent des ständig bebauten Ackerlandes wird bewässert. Großangelegte Bewässerungssysteme sind äußerst selten, ihre Kosten angesichts der knappen verfügbaren Mittel viel zu hoch.

Außerdem demotivieren die schlechten Absatzmöglichkeiten auf dem Markt die Bauern, mehr zu produzieren: In einem Land, wo der größte Teil der Bevölkerung Ackerbau oder Viehwirtschaft betreibt, bildet der Rest der Bevölkerung keinen ausreichend stimulierenden Nachfragermarkt für landwirtschaftliche Produkte – erst recht nicht, wenn die staatlich festgesetzten Preise sehr niedrig sind. Nahrungsmittelimporte oder Nahrungsmittelhilfen tun ein Übriges. Schließlich genießt auch heute noch die damals von den Kolonialmächten forcierte Produktion von Exportkulturen eine sehr viel höhere Priorität als der Anbau von Nahrungsmitteln für die Eigenversorgung. Ressourcen für Beratung, Düngemittel und Mechanisierung fließen an den Nahrungsmittelproduzenten vorbei, zum Teil werden diese Bauern sogar in Gebiete mit schlechteren natürlichen Produktionsbedingungen abgedrängt.

Nachhaltige wirtschaftliche und soziale Entwicklung wird für die Länder der Sahelzone – wie für die meisten landwirtschaftlich orientierten Länder der Dritten Welt – nur dann möglich, wenn die *ländliche Entwicklung* angemessen vorangetrieben und die Landwirtschaft wesentlich leistungsfähiger wird. Nur wenn sich die Pro-Kopf-Produktion erhöht – um etwa vier Prozent pro Jahr –, besteht eine Chance, daß die Region ihren Nahrungsmittelbedarf langfristig selbst decken kann. Die Schwierigkeit für die heutigen Sahelländer liegt aber nicht allein in der Steigerung der landwirtschaftlichen Leistungsfähigkeit unter den Bedingungen allgemeiner Ressourcenknappheit, sondern auch darin, daß dieses Ziel mit der Bewahrung der natürlichen Lebensgrundlagen verbunden werden muß – Grundlagen, die in den letzten 25 Jahren erheblich geschädigt wurden. Erschwerend kommt hinzu, daß der wachsende Bevölkerungsdruck und zum Teil der Schuldendienst zu immer ausbeuterischeren Nutzungsformen der ohnehin schon spärlichen Ressourcen zwingt.

Der Sahel ist eine ökologisch stark benachteiligte Region. Im folgenden wird aufgezeigt, wie diese Benachteiligung in vielfacher Weise das Leben und Wirtschaften der Menschen beeinträchtigt, und weshalb die Natur im Sahel so empfindlich auf menschliche Eingriffe reagiert. Dabei wird die große Bedeutung des Klimas sowohl für die Natur als auch für die Nutzung des Raumes durch den Menschen offenbar.

5 Die naturräumlichen Grundlagen des Sahel

5.1 Klima

Bewohner der gemäßigten Breiten sind ein immer-feuchtes Klima und damit an für die Landwirtschaft ganz-jährig ausreichende Regenfälle gewohnt. Ganz anders sehen die Verhältnisse in der Sahelzone aus, wo ein tropisch wech-selfeuchtes Klima herrscht. Es gibt keine merklichen Tempe-ratur-Jahreszeiten, Temperaturunterschiede bestehen eher zwischen Tag und Nacht sowie zwischen Tief- und Bergland als zwischen Sommer und Winter. Die drei bis vier Monate dauernde Regenzeit konzentriert sich auf die Sommermonate Juni/Juli bis August/September mit einer Niederschlags-menge von 200-600 mm. Bedingt durch intensive Sonnenein-strahlung und hohe Temperaturen verdunstet aber bereits ein Großteil der ohnehin geringen Niederschläge, bevor sie für die Landwirtschaft genutzt werden können. Deshalb bieten nur gerade 2-4 Monate pro Jahr genügende Feuchtigkeit für die landwirtschaftliche Produktion; während der übrigen Zeit herrschen wüstenhaft trockene (aride) Verhältnisse.

Wie kommt es zu dieser klimatischen Situation? Der Wechsel von Regen- und Trockenzeit im Sahel ist in der großräumigen Windzirkulation unseres Planeten begründet. Die für den Sahelraum entscheidenden Komponenten sollen kurz aufgezeigt werden:[17] Für das Klima in der Sahelzone ist die sogenannte »niederschlagsaktive innertropische Kon-vergenzlinie« (ITC)[18] von großer Bedeutung. Am Äquator strömen Passat-Luftmassen an dieser Konvergenzlinie, die sich sich je nach Jahreszeit zu den jeweiligen Wendekreisen bewegt, zusammen. Mit der Konvergenzlinie wandern die Niederschlagszonen. Die von der niederschlagsaktiven Kon-vergenzlinie bewirkten Niederschläge fallen am Äquator zu allen Jahreszeiten an. Für die äußere Tropenzone wird eine sommerliche Niederschlagsperiode bewirkt, über den Wüsten stetiges Trockenklima.

Im Winter befindet sich die Sahelzone im Einflußbereich des Nordostpassats. Dieser Wind ist infolge seines weiten Weges über die Wüste heiß und trocken, Niederschläge sind selten. Je weiter nördlich im Sahel, desto länger dauert die Trockenzeit.

Im Hochsommer befindet sich der senkrechte Sonnenstand im Bereich des nördlichen Wendekreises mitten in der Sahara. Mit einer gewissen zeitlichen Verzögerung auf die Sonne wandert auch die ITC bis etwa zum 15. oder 16. Breitengrad nach Norden, d.h. normalerweise bis in Gebiete nördlich des Sahel. Dies hat zur Folge, daß nun Winde von Südwesten auf die Sahelzone zuströmen. Über den tropischen Meeren des Golfs von Guinea haben diese Winde Feuchtigkeit aufgenommen. Auf ihrem Weg nach Nordosten entladen sie ihre Wasserfracht und bringen der Sahelzone den ersehnten Regen.

Wohl noch entscheidender als die effektive Menge und der jahreszeitliche Wechsel ist für die Landwirtschaft die sogenannte *Niederschlagsvariabilität*:

Die Wanderung der niederschlagsaktiven Konvergenzlinie und somit der Niederschlagszone ist unregelmäßig. Von Jahr zu Jahr treten Unterschiede von bis zu 50 Prozent und mehr auf, je nachdem, wie weit diese Luftmassenkonvergenzzone nach Norden vorrückt oder wie weit sie zurückbleibt.[19] Die Unsicherheit der Niederschläge nimmt gegen die Sahara hin zu. Fallen in unseren Breitengraden die Niederschläge in einem Jahr um 100 mm geringer aus als gewöhnlich, so ist deswegen die Ernte noch nicht in Frage gestellt. In der Sahelzone hingegen bedeutet diese Abweichung vom üblichen Jahresdurchschnitt, daß die Niederschläge unter die für den Regenfeldbau minimal notwendige Menge von 500 mm fallen, und damit die Ernte ganz ausbleibt.

In Schaubild 2 ist die Variabilität des Niederschlags für den Sahelraum seit Beginn unseres Jahrhunderts dargestellt.

Der Graphik ist zu entnehmen, daß sich über- oder unterdurchschnittliche Niederschlagsjahre immer wieder häufen. Fallen einige trockene Jahre hintereinander an, so verschärfen sich die Probleme der Nahrungsmittelversorgung erheblich. Ein Jahr ohne Ernte könnte bei angemessenen Nahrungsvorräten noch überbrückt werden, ohne daß es zu größeren Versorgungsproblemen für die Menschen im Sahel kommt, nicht aber mehrere Ernteausfälle nacheinander, wie es z.B. in der großen Dürre von 1968 bis 1973 der Fall war.

Schaubild 2

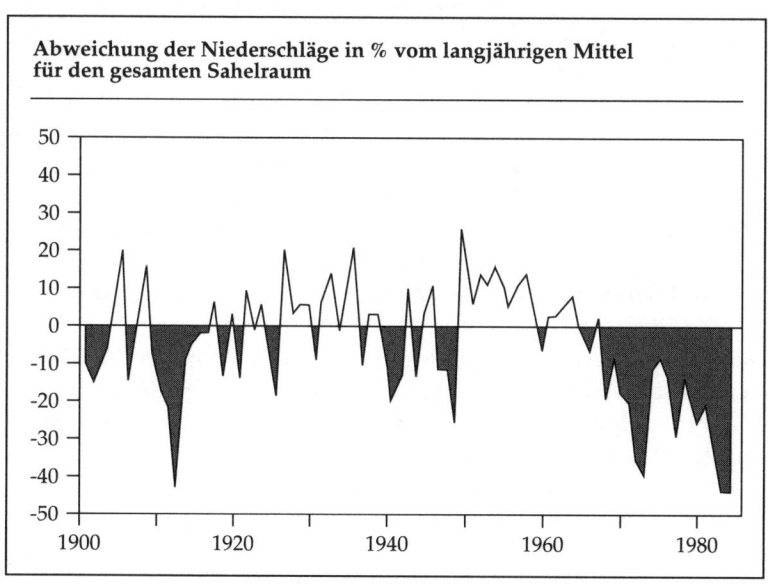

Quelle: UNESCO 1984, Brown and Wolf 1985

Die Klimageschichte und
ihre Auswirkungen auf die Gegenwart

Wie alle Gebiete unseres Planten war auch die Sahelzone in ihrer Geschichte wiederholten Klimaschwankungen
unterworfen. Kältere und wärmere, trockenere und feuchtere
Perioden haben diesem Raum verschiedene Gesichter verliehen. Am Beispiel der während der letzten 20'000 Jahre einge-
tretenen Veränderungen kann man die enormen Schwankungen veranschaulichen, die sich im Sahel abgespielt haben
(Schaubild 3).

Vor etwa 20'000 Jahren hatte sich die Sahara während
einer ausgesprochenen Trockenperiode südwärts bis ins Gebiet der heutigen Sahelzone ausgedehnt. Die Flüsse versieg-
ten, die Vegetation starb ab und Sanddünen entstanden. Vor
15'000 Jahren begannen sich die klimatischen Bedingungen
wieder zu verbessern: Feuchte tropische Luftmassen stießen
während der Sommermonate weit nach Norden vor und
führten zu bedeutend höheren Niederschlägen. Diese günstige Klimaphase dauerte etwa 5'000 Jahre lang an (von ca.
8'000-3'000 v. Chr.). Die Wüste Sahara zog sich auf einige
kleine, isolierte Gebiete im Norden Afrikas zurück. Ein ge-
waltiges Gewässernetz entstand in den Regionen südlich der
Sahara; der Tschadsee war um ein Vielfaches größer als heute.
Die Flüsse lagerten in weiten Gebieten Sedimente ab, die noch
heute, beispielsweise im Niger-Binnendelta, durch ausge-
dehnte Bewässerungskulturen genutzt werden. Die zuvor
ariden, verwüsteten Gebiete belebten sich wieder, der tropische Regenwald dehnte sich weit nach Norden aus. Die Dünen wurden allmählich wieder mit Vegetation bedeckt und
die Wanderung der Sandmassen in Richtung Süden gestoppt.
Rote, fruchtbare tropische Böden entstanden in Gebieten,
wo sich heute wegen der Trockenheit kaum mehr Böden
entwickeln können. Noch heute profitiert die Bevölkerung
von diesen ehemals günstigen klimatischen Bedingungen:
Die Böden, die sich damals entwickeln konnten, werden auch
in der Gegenwart noch landwirtschaftlich genutzt.

Nach dieser Feuchtzeit verschlechterte sich das Klima wieder: Die Niederschläge wurden unsicherer und nahmen insgesamt ab, was zur Rückbildung von Seen, Flußsystemen und Regenwäldern sowie zum erneuten Vordringen der Wüste führte. Auch heute noch wird das landwirtschaftliche Nutzungspotential des Sahel maßgeblich durch die Klimageschichte mitbestimmt. Der Mensch lebt in manchen Gebieten von einer Umwelt, die über Jahrtausende entstanden ist, und die sich heute unter veränderten, trockeneren Verhältnissen nach einer Zerstörung kaum mehr erholen würde.

Schaubild 3

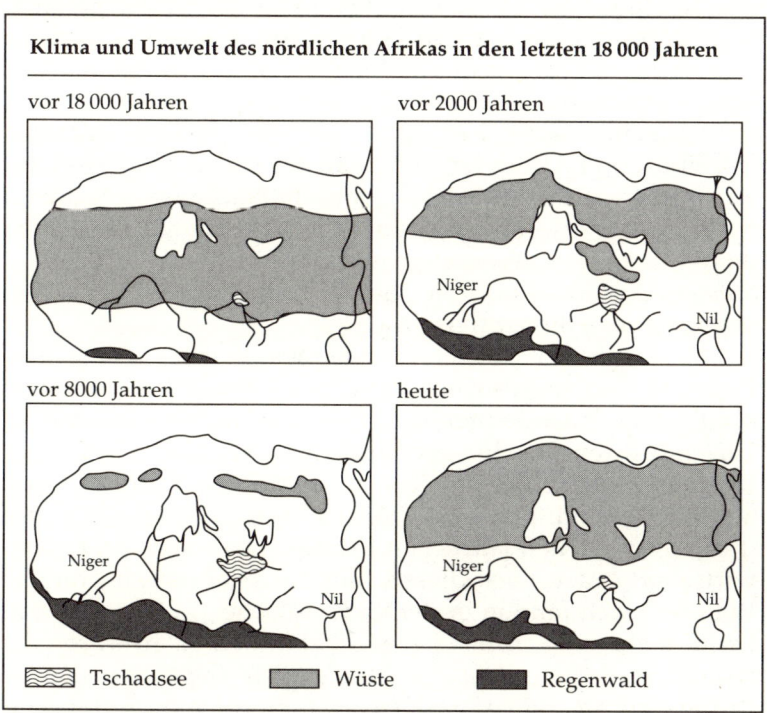

Klima und Umwelt des nördlichen Afrikas in den letzten 18 000 Jahren

vor 18 000 Jahren

vor 2000 Jahren

vor 8000 Jahren

heute

Tschadsee   Wüste   Regenwald

Quelle: B. Messerli, Geographisches Institut der Universität Bern

41

Dürrekatastrophen und Hungersnöte im Sahel

Dürren waren, so vermuten viele Wissenschaftler[20], schon immer eine tragische Begleiterscheinung des Lebens im Sahel. Dem amerikanischen National Research Council zufolge gab es in den Jahren um 1680, 1750, 1820 und 1830 Dürreperioden, die zwölf bis fünfzehn Jahre anhielten.[21] In unserem Jahrhundert wurde die Sahelzone in den Jahren 1910-1914, um 1930, 1940-1944, 1968-1973 und 1980-1984 von längeren Dürreperioden heimgesucht.[22] Während aber alles darauf hindeutet, daß die früheren Dürren auf relativ kleine Regionen begrenzt waren, nahm die Dauer, das Ausmaß und somit die mit ihr verbundene Zerstörung im Verlauf der letzten hundert Jahre stetig zu. Dies gilt bis in die jüngste Vergangenheit: Während die »große Dürre« von 1968-1973 'nur' 16 Länder befiel (Kapverdische Inseln, Senegal, Gambia, Mali, Mauretanien, Burkina Faso, Tschad, Niger, Benin, Nigeria, Zentralafrikanische Republik, Libyen, Sudan, Somalia, Dschibuti und Äthiopien), litten an der Dürre von 1980-1982 weitere 14 zentral- und südafrikanische Nationen.[23] Sie brachten unbeschreibliches Leid über die Menschen, schwächten das ökologische Gleichgewicht und wirkten sich verheerend auf den Ackerbau und die Viehwirtschaft aus – mit Konsequenzen bis zum heutigen Tag.

Die wirtschaftlichen Schäden waren jedes Mal enorm. Es wurde ein regelrechter Verarmungsprozeß in Gang gesetzt. Beispielsweise brachte die »große Dürre« von 1968 bis 1973 mit ihren um durchschnittlich 15 bis 40 Prozent niedrigeren Niederschlagsmengen Getreideernte-Einbußen von 600'000 Tonnen, d.h. einen Verlust von ca. 15 Prozent des durchschnittlichen jährlichen Ertrags. Die Land- und Viehwirtschaft brach nach diesen fünf Dürrejahren zusammen. Wanderhirten fanden in der sudanesischen Zone keine Zuflucht mehr, sie war bereits zu dicht besiedelt. So waren die Nomaden gezwungen, ihr letztes Vieh gegen Hirse oder Brunnenrechte einzutauschen. Mehrere hunderttausend Menschen sind an Hunger gestorben, 200'000 davon in Äthiopien. Über 80 Prozent des Viehbestandes der Sahelzone ging zugrunde.[24]

Die Dürre von 1980-1984 war die dritte in zehn Jahren. Im Jahre 1984 war die Niederschlagsmenge im Osten Malis, in Gao, um über die Hälfte der ohnehin schon niedrigen Niederschläge von 1983 gefallen, und zwar von 130 mm auf 60 mm. In einem normalen Jahr fallen in dieser Region 250-300 mm Regen. Bis in die Mitte der achtziger Jahre litt ein Drittel der damals sieben Millionen Malier unter den Auswirkungen der Dürre, fünf Prozent waren vom Hungertod bedroht. Die Getreideverknappung wurde auf 300'000 Tonnen geschätzt (errechnet auf der Basis von einem Bedarf von 180 kg pro Person und Jahr), und die Herden dezimierten sich in vielen Regionen. Die Preise für Vieh fielen, während die Getreidepreise in die Höhe schossen.[25]

Die Gründe für die dramatische Zuspitzung der dürrebedingten Probleme sind vielfältig. Sie sind teilweise auch darin begründet, daß die Sahelländer insgesamt wegen sinkender Exporterträge und steigender Importkosten (Ölpreisexplosion!) durch schwierige wirtschaftliche Zeiten gehen, und deshalb für alles weniger Ressourcen zur Verfügung stehen[26]. Neben ungünstigen weltwirtschaftlichen Rahmenbedingungen trägt der Mensch die Verantwortung für die Verschärfung der Probleme; konkret: unangemessene politische Prioritäten, hohes Bevölkerungswachstum, inadäquate Nutzung der vorhandenen knappen Boden- und Wasserressourcen sowie die Unfähigkeit der politisch Verantwortlichen der meisten Sahelländer, rechtzeitig angemessene Vorkehrungen für eventuell wiederkehrende Dürren zu treffen.

5.2 Wasser

Das Wasserangebot steht in direktem Zusammenhang mit den klimatischen Verhältnissen. Die spärlichen und unsicheren Niederschläge, die hohe Verdunstung und die geringe Speicherfähigkeit der Böden bestimmen das für die menschliche Nutzung zur Verfügung stehende Wasser. Der Wasservorrat ist im ganzen Sahel limitiert, er nimmt gegen Norden stark ab. Etwas besser sieht die Situation in den Regionen aus, die von großen Wasserläufen durchflossen werden. Es handelt sich dabei um die Flußgebiete des Senegal, des Niger und, weiter östlich, des Nil. Da diese Ströme alle im feuchteren Süden entspringen, ist ihre Wasserführung während des ganzen Jahres gesichert.

Die Beschaffung von Wasser ist ein zentrales Problem im Alltagsleben der Sahelbewohner. Während früher hauptsächlich oberflächennahe, der Niederschlagsvariabilität unterworfene Grundwasserschichten genutzt wurden, gewinnen heute zunehmend moderne, mit Motorpumpen betriebene Tiefbrunnen an Bedeutung. Die damit ausnutzbaren tiefen Wasservorkommen sind jedoch oft fossil, d.h. sie werden nicht mehr durch Niederschläge oder Flußwasser gespiesen. Eine Studie aus Senegal zeigt, daß diese Grundwasserschichten gebietsweise um die 30'000 Jahre alt sind. Die tiefgelegenen Wasserreservoire wurden also noch vor der letzten Eiszeit aufgefüllt! Das hohe Bevölkerungswachstum und eine intensivierte landwirtschaftliche Entwicklung machen einerseits die Erschließung zusätzlicher Wasservorkommen notwendig – andererseits sollte dies jedoch nicht die nichterneuerbare Substanz gefährden. Das Anzapfen fossiler Grundwasservorräte birgt die Gefahr der Übernutzung und damit der Erschöpfung einer unverzichtbaren nicht-erneuerbaren Ressource in sich. Das Abstellen landwirtschaftlicher Entwicklungsbemühungen auf die Nutzung fossiler Wasservorräte ist daher nicht zukunftsfähig.

5.3 Böden

Die Böden tropischer Länder sind in vielerlei Hinsicht gegenüber denjenigen in Ländern mit gemäßigtem Klima benachteiligt. Sie haben ein geringes natürliches Fruchtbarkeitspotential, eine hohe Wasserdurchlässigkeit, geringe Wasserspeicherfähigkeit und sind sehr anfällig gegen Wind-

und Wassererosion.[27] Das natürliche Ertragspotential der Böden in der Sahelzone ist aufgrund des Mangels an nährstoffliefernden Mineralien sowie der schwachen Nährstoffbindung gering. Traditionelle Bearbeitungsmethoden unter Einschluß einer oft Jahrzehnte lang andauernden Brachezeit trugen zwar in der Vergangenheit der Verletzlichkeit der Böden Rechnung – sie sind jedoch für die Ernährungsbedürfnisse der rasch gewachsenen Bevölkerungen heute zu unproduktiv. Eine angepaßte intensivierte Bewirtschaftung würde einen hohen Düngeraufwand und spezielle Düngertechniken erfordern, außerdem Bewässerung in geringen, aber häufigen Gaben, damit keine Verluste durch Versickerung und Verdunstung auftreten. Zudem müßte sichergestellt werden, daß bei allen Bearbeitungsgängen (Roden, Pflügen, Ernten) die oberste Bodenschicht möglichst wenig in Mitleidenschaft gezogen wird. Gründüngung und Fruchtwechsel mit Leguminosen sowie eine angemessen kombinierte Agroforstwirtschaft werden heute – in Anlehnung an traditionelle Anbaumethoden – als den fragilen Biotopen am besten angepaßte Bearbeitungsmethoden anerkannt.[28] Gegen die Erosionsgefahr, hauptsächlich durch Wind, wären zunächst ein Schutz der noch bestehenden Hecken und Sträucher erforderlich, danach Wiederanpflanzung von Hecken und Sträuchern, Minimalbodenbearbeitung (no till bzw. minimum till agriculture) und, wo erforderlich, die Stabilisierung von Sanddünen.

5.4 Vegetation

Mit der Zunahme der Niederschläge von der Sahara zum Äquator nehmen Vegetationsdichte und Artenvielfalt von Norden nach Süden zu. Dies führt zu verschiedenen, in Ost-West-Richtung von Mauretanien bis zum Tschad verlaufenden Vegetationszonen. Der Sahel mit seiner Trockenvegetation stellt einen fließenden Übergang zwischen der Wüstenregion im Norden und den Savannengebieten im Süden dar. Dorngebüsch und vereinzelte niedrige Bäume prägen das

45

fahlbraune Bild der Landschaft, die nur für kurze Zeit bei genügendem Niederschlag ein grünes Gewand erhält.

Damit die Pflanzen bei den spärlichen und variablen Niederschlagsmengen überhaupt überleben können, haben sie verschiedene Strategien entwickelt, um das ihnen zur Verfügung stehende Wasser möglichst haushälterisch zu nutzen:

Einjährige Pflanzen überdauern Trockenzeiten in Form extrem widerstandsfähiger Samen, die ihre Keimfähigkeit über Jahrzehnte behalten. Nach einem ausreichenden Regenfall wachsen, blühen und fruchten sie innerhalb kurzer Zeit und verwandeln die scheinbar vegetationslosen Flächen vorübergehend in farbenprächtige Pflanzendecken. Eine starke Behaarung, eine isolierende Wachsschicht oder eine dicke, lederige »Außenhaut« der Blätter führen zur Verminderung der Verdunstung. Im Extremfall werden Blätter in Dornen umgewandelt oder während der Trockenzeit vollständig abgeworfen. Weitverzweigtes, tiefes Wurzelwerk von Bäumen und Sträuchern, meterlange Pfahlwurzeln von krautigen Pflanzen ermöglichen es, tiefe und entlegene Wasserspeicher anzuzapfen. Fleischige Blätter und Stengel sowie Wurzeln und Stämme sind oft in der Lage, während der Regenzeit viel Wasser aufzunehmen und dieses für den Gebrauch in der Trockenzeit zu speichern. Die Pflanzen in der Sahelzone verlassen sich selten auf nur eine dieser Strategien, sondern kombinieren mehrere davon. Die verschiedenen Anpassungsmechanismen der Vegetation zeigen anschaulich, wie eng der Rahmen für das Leben im semiariden Raum gesteckt ist.

Bäume – Ein gefährdetes Lebenssymbol

Eine wichtige Rolle im Leben der Sahelbewohner spielen die Bäume. Sie sind besonders gefährdet, weil sie eine Vielzahl wichtiger Funktionen erfüllen: Brenn- und Bauholzlieferant, Nahrungsspender, Düngemittel, Bodenkonservierer, Windschutz, Medizinalpflanze. Da der Holzbedarf durch

46

das massive Bevölkerungswachstum und eine stark ansteigende Energienachfrage schneller zunimmt als durch Aufforstung zusätzliches Angebot geschaffen werden kann, droht eine ökologische Katastrophe unbeschreiblichen Ausmaßes.

Die Enquete-Kommission »Vorsorge zum Schutz der Erdatmosphäre« des Deutschen Bundestages hat eindringlich auf die Probleme hingewiesen, die mittel- und langfristig durch übermäßiges Abholzen für die betroffenen Menschen entstehen: Es steht eine »Brennholzkrise« bevor.[29] Der Holzanteil am gesamten Energieverbrauch ist in allen Sahelländern sehr hoch, er geht bis zu 96 Prozent (Burkina Faso). Die Brennholzbeschaffung, vor allem für Heiz- und Kochzwecke, ist dort, wo die Bevölkerungsdichte hoch ist, die primäre Ursache von Waldzerstörung. Die meisten Länder der Sahelzone haben einen so akuten Brennstoffmangel, daß *selbst bei Übernutzung* der Waldressourcen und der Verwendung landwirtschaftlicher Abfälle für Brennzwecke (anstatt für Düngezwecke oder als Viehfutter) der Brennholzbedarf schon heute nicht gedeckt werden kann. Über 50 Millionen Menschen in Afrika konnten bereits im Jahre 1980 nicht einmal ihren Mindestbedarf an Brennholz decken, ohne daß sie ihre Wälder übernutzten – weltweit nähern sich etwa 130 Millionen Menschen dieser Mangelsituation.[30] Der Brennholzmangel hat verschiedene negative wirtschaftliche, soziale und ökologische Auswirkungen, die insgesamt zu einer Verschärfung der ohnehin weitverbreiteten Armut führen:

- Für das Sammeln von Brennholz wird ein höherer Zeit- und Arbeitsaufwand, hauptsächlich für Frauen und Kinder erforderlich, was zu Lasten anderer wichtiger Aktivitäten geht, z. B. Schulbesuch für Mädchen.
- Wo Brennholz gekauft werden muß – vor allem in den Städten –, muß ein höherer Anteil des Familieneinkommens für Energie ausgegeben werden, was das meist geringe Haushaltsbudget sehr belastet.
- Die Beseitigung von Bäumen und Sträuchern fördert die Wind- und Wassererosion. Dadurch wird die Verarmung der Böden beschleunigt und die Produktions-

bedingungen in der Landwirtschaft weiter verschlechtert, was wiederum eine verstärkte Landflucht bewirkt. In den Städten wird kaum Brennholz verwendet, sondern hauptsächlich Holzkohle – bei deren Herstellung mit den heutigen Verfahren 50 Prozent des ursprünglichen Brennwertes des Holzes verloren gehen.

Von der Übernutzung der heute noch verbliebenen Baum- und Strauchbestände gehen so Impulse für weitere wirtschaftliche, soziale und ökologische Verschlechterungen aus, es kommen neue Teufelskreise der Unterentwicklung in Gang. Wenn heute die Gefährdung der letzten Baumbestände durch brennholzsammelnde Frauen beklagt wird, so wirkt dies geradezu zynisch, wenn man sich klar macht, wer in den letzten Jahrzehnten – meist ohne den Zwang, das tägliche Überleben zu sichern – die Wälder ausgebeutet und ruiniert hat: ausländische Handelsgesellschaften und Holzfäller, einheimische Holzkohleproduzenten, Bauern und Tierhalter, die auf neue Flächen vordrangen, und nicht zuletzt nationale und internationale Landwirtschaftsexperten, die Exportkulturen wie z.B. Baumwollprojekte geplant und dafür große Bewässerungsperimeter angelegt haben.

6 Umweltzerstörung im Sahel

6.1 Bewahrung der Umwelt: Ein Menschenrecht

Gegen Ende der sechziger Jahre wurde der Begriff
»*Menschenrechte der dritten Dimension*« in die ökologische und
gesellschaftspolitische Diskussion eingeführt. Damit werden
Rechte umschrieben, die den bekannten Rechten der einzelnen zum Schutz vor Übergriffen des Staates (erste Dimension) und den individuellen wirtschaftlichen und sozialen
Rechten (zweite Dimension) übergeordnet sind. Das Recht
auf *Frieden*, das auf *menschliche Entwicklung*, das auf den
Schutz der Umwelt und auf die *Bewahrung des gemeinsamen
Erbes der Menschheit*, um nur die wichtigsten der Menschenrechte der dritten Dimension zu nennen, sind nicht mehr
lediglich »individuelle« Menschenrechte, sondern Rechte
von Gesellschaften, von Nationen, ja, der Menschheit als
Ganzes. Sie stellen letztlich die Voraussetzung für die Realisierung der Rechte der ersten und der zweiten Dimension dar
und wären richtiger »Menschheitsrechte« zu nennen.[31]

In den letzten beiden Jahrzehnten, seit die Umwelt und
ihre Bedeutung für das Leben der Menschheit immer mehr in
das nationale und internationale Blickfeld gekommen ist, hat
sich auch die ökologische Situation der Länder in der Sahelzone dramatisch verschlechtert. Das Menschheitsrecht auf
eine lebenserhaltende Umwelt und somit die Wahrung der
Chancen auf eine lebenswerte Zukunft ist für die Menschen
der Sahelländer weniger denn je garantiert. Nur eine intakte
Umwelt ermöglicht menschliches Leben im Sahel, denn Gräser und Bäume, Hecken und Sträucher sorgen nicht nur für
Nahrung, Energie und Tierfutter, sondern erhalten auch die
Bodenfruchtbarkeit (z.B. für den Anbau von Nahrungsmittelkulturen), verhindern Erosion, erhalten Wasserressourcen,
halten Klimaveränderungen auf oder wirken ihnen entgegen
und bieten den wild lebenden Tieren einen Lebensraum. Und

dennoch findet ein laufender Prozeß der Umweltzerstörung statt.

Die Gründe hierfür sind vielfältig. Über eines jedoch herrscht Einigkeit: Die Begleiterscheinungen der Umweltverschlechterung – der Verlust von Acker- und Waldflächen, die Verarmung der Weidegründe, und die Verknappung des Wassers – sie alle gehen keinesfalls nur auf zwei klimatisch widrige weil extrem regenarme Jahrzehnte zurück. Die *menschengemachte* Umweltvernichtung war mindestens ebenso bedeutend, wenn nicht sogar ausschlaggebend in ihrer Wirkung.

Auch Umweltprobleme, ob in der industrialisierten oder in der Dritten Welt, dürfen nicht geschichtslos gesehen werden: Seit mindestens einem Jahrhundert gefährden Menschen im Sahel ihre natürlichen Lebensgrundlagen. Die Kolonialisierung vergewaltigte und zerstörte nicht nur die vorgefundenen Gesellschaften und traditionellen Lebensweisen im Interesse einer möglichst kostengünstigen Herrschaftssicherung und profitablen wirtschaftlichen Erschließung der Kolonien (nicht überall, nicht gleichzeitig und nicht gleichmäßig)[32], sie riß auch die traditionellen Wirtschafts- und Sozialstrukturen in den Strudel der Veränderung hinein. Weil Kolonien in erster Linie Fertigwaren abzunehmen und Rohstoffe zu liefern hatten, erfolgte keine an einheimischen Bedürfnissen orientierte Entwicklung des traditionellen Handwerks oder eine angepaßte Industrialisierung. Da die – zwar relativ unproduktive, aber ressourcenschonende – traditionelle Landwirtschaft für die Kolonialherren uninteressant war, wurde sie in eine gesamtwirtschaftliche Randfunktion abgedrängt, mit dem Resultat einer stetig sinkenden Fähigkeit zur Selbstversorgung.

Auch die Übernutzung der natürlichen Ressourcen nahm zum Teil ihren Beginn durch koloniale Maßnahmen. So zwang z.B. die Einführung von Kopfsteuern durch die Kolonialverwaltung die Männer zur Lohnarbeit und zum Einstieg in die Geldwirtschaft und damit zu marktorientierter Produktion. Dies ging zu Lasten der Erzeugung für den Eigenverbrauch. Dort, wo mit Hilfe billiger Arbeitskräfte Plantagenwirtschaft betrieben wurde, blieben die Gewinne bei einer kleinen ausländischen Minderheit und flossen größtenteils in die Mutterländer ab. Auch als später die kolonialen Herren durch einheimische Eliten abgelöst wurden, veränderten sich außer der Rhetorik die Denk- und Verhaltensmuster meist nicht: Die Gesellschaften blieben gespalten in einen modernen und einen traditionellen Sektor, mit wenig Verknüpfungseffekten zwischen den beiden.

Die Ausdehnung der Produktion für den Export nach Europa, hohes Bevölkerungswachstum und kolonialstaatlich aufgezwungene Grenzziehungen führten dazu, daß Nomaden für ihre Herden immer weniger Weideplätze zur Verfügung hatten. Sie konnten wegen der neuen Grenzen mit ihren Herden nicht mehr – traditionell den Regenfällen folgend – je nach Saison Hunderte von Kilometern nach Süden oder Norden ziehen. Dadurch kam es in vielen Gebieten zur Überweidung. Später führten wohlgemeinte Aktionen von Kolonialbeamten und Entwicklungshelfern, die Brunnen bohrten und Vieh impften, zur weiteren Ausdehnung der Herden weit über die Trägfähigkeit der Weideflächen hinaus. Wobei man heute feststellen muß, daß die traditionelle nomadische Weidewirtschaft von kaum einer afrikanischen Regierung mehr gefördert wird, da im Nomadismus überwiegend ein Hindernis für die Modernisierung gesehen wird. Auch die Probleme der Grenzverletzung und des Schmuggels, die Schwierigkeiten mit der administrativen Erfassung nomadischer Völker sowie die (vermeintliche oder tatsächliche) Bedrohung seßhafter Bevölkerungen durch umherziehende Herden und die damit einhergehenden politischen Unruhen haben nicht zur Popularität der Nomaden und ihrer Anliegen beigetragen.[33]

Ferner hatte die Ausdehnung landwirtschaftlicher Monokulturen in bisher bewaldete Gebiete und die kommerzielle Nutzung der Wälder über deren Regenerationsfähigkeit hinaus ökologisch zerstörerische Folgen. Schließlich führten auch immer wieder Kriege und territoriale Streitigkeiten –

nicht zuletzt provoziert durch den Verteilungskampf um die knapper werdenden Ressourcen – zu Völkerwanderungen und zum Verlust der Tradition eines schonenden Umgangs mit den natürlichen Ressourcen. Aus welchen Gründen auch immer die Umweltzerstörung geschah, sie hatte überall und immer die gleichen negativen Konsequenzen für die Menschen der betroffenen Region. Eine dieser negativen Konsequenzen erlangte erst in den letzten Jahren einen größeren Bekanntheitsgrad: der Rückgang der Artenvielfalt.

6.2 Rückgang der Artenvielfalt

Viele internationale Umweltorganisationen, darunter UNEP, IUCN und WWF, beklagen die – tatsächlichen und möglichen – Folgen des andauernden und sich in der Wahrnehmung vieler Beobachter beschleunigenden weltweiten Niedergangs der Artenvielfalt.[34] Die besondere Tragik der gegenwärtigen Situation wird darin gesehen, daß die biologischen bzw. natürlichen Ressourcen (auch die genetischen), die dem Menschen effektiv oder potentiell von Nutzen sind, sich zu einer Zeit vermindern, in der sich die Weltbevölkerung im nächsten Jahrzehnt um eine Milliarde vermehrt. Dadurch verliert die Menschheit eine Ressourcenbasis von unschätzbarem Wert. Zukünftige Generationen werden, wenn nicht bald besondere Anstrengungen zum Schutz dieser Ressourcen unternommen werden, deren potentiellen Nutzens beraubt sein.

Die Hauptprobleme des Rückgangs der Artenvielfalt fallen in den feuchten Tropen an, sie kommen durch das rasche Schrumpfen der Regenwälder zustande. Viele Beobachter der Tropenwaldzerstörung sind darüber besorgt, daß die Zerstörung der fragilen Ökosysteme zum Auslöschen von Arten führt, die der Menschheit vielleicht wertvolle neue medizinische Behandlungsmöglichkeiten für bisher unheilbare Krankheiten bieten könnten. Die Verfechter dieses Arguments stützen sich auf die Tatsache, daß viele Stoffe, die in der heutigen Medizin Verwendung finden, aus den natürlichen

Giftstoffen gewonnen werden, die Pflanzen selbst als Schutz gegen ihre Feinde produzieren. Solche Toxine sind komplexe chemische Verbindungen, deren synthetische Herstellung im Labor außerordentlich schwierig und erst dann möglich ist, wenn man ihre Struktur kennt. Es gibt viele Beispiele solcher aus Pflanzen gewonnenen Heilmittel, die wesentliche Fortschritte für die Behandlung von verschiedenen Krankheiten gebracht haben. Dennoch wurde bis heute nur ein Bruchteil der in den Tropen vorkommenden Pflanzen katalogisiert, und von diesen wiederum sind nur sehr wenige systematisch untersucht und eingeordnet worden. Zwar sind die genetischen Ressourcen der Sahelzone nur wenig erforscht, doch besteht ein großes Interesse an den traditionell dort vorkommenden Pflanzenarten. Der Grund für dieses Interesse liegt in den außergewöhnlichen physiologischen Merkmalen und Toleranzen gegen Dürre, Hitze oder versalzte Böden. Bei einigen der von Pflanzen des Sahel gebildeten Substanzen besteht sogar die Hoffnung, daß sie gegen verschiedene Krebsformen wirksam sind.[35]

Die ariden und semi-ariden Gegenden der Erde, zu denen die Sahelzone gehört, besitzen eine geringere Fülle an Tier- und Pflanzenformen als die Regenwälder. Es gibt nur spärliche Angaben über den mit der Zerstörung der ursprünglich vorhandenen Wälder verbundenen Rückgang der Artenvielfalt. Man versuchte, die erlittenen Verluste dadurch zu messen, daß man die Größe des heutigen Lebensraums freilebender Tiere mit dessen ursprünglicher Größe verglich.[36] Der ursprüngliche Lebensraum ohne nennenswertes menschliches Eingreifen wurde definiert als »idealer Höchststand der Vegetation«. Die Schätzung des heutigen Bestandes basiert auf einem breiten Fächer von Informationen mit sehr unterschiedlicher Genauigkeit: »Die Zahlen sollen als Annäherung und nicht als endgültige Angaben verstanden werden«.[37] Trotz dieser vorsichtigen Formulierung ist offensichtlich, daß der natürliche Lebensraum der Sahelregion stark zurückgegangen ist (siehe Tabelle 3).

Tabelle 3

Verlust des Lebensraumes von Wildtieren in der Sahelzone			
Land	Ursprünglicher Lebensraum (in 1000 ha)	Verbleibender Lebensraum (in 1000 ha)	Verlust (in Prozent)
Burkina Faso	27'380	5'476	80
Tschad	72'080	17'299	76
Gambia	1'130	124	89
Mali	75'410	15'836	79
Senegal	19'620	3'532	82
Niger	56'600	13'018	77
Mauretanien	38'860	7'383	81
Afrika südl. der Sahara	2'079'641	773'774	63

Die Daten für Mauretanien, Mali, Niger und Tschad decken nur die subsaharische Region dieser Länder.

Quelle: McNeely J./Miller K. et. al.: Conserving the World's Biodiversity. IUCN, Gland (Schweiz) 1990 und WWF, WRI sowie Weltbank, Washington, D.C. 1990, S. 46

Es gibt viele Gründe für den Schwund der Artenvielfalt im Sahel. Die wichtigsten liegen im Zusammenwirken klimatischer Veränderungen mit dem zunehmenden Druck einer verarmten Bevölkerung, die ihren Lebensunterhalt durch Ausbeutung der Natur bestreiten muß. Die Übernutzung der Böden und Weidegebiete durch Landwirtschaft und Viehzucht führt zur Zerstörung der Wälder und der Vegetationsschicht. Wegen der Futterknappheit wurde es an vielen Orten für nötig befunden, die mit dem Vieh um die Weideplätze konkurrierenden Wildtiere zu dezimieren. Dies verminderte den ursprünglichen Wildbestand, besonders denjenigen der großen Säugetiere, ganz erheblich und trug maßgeblich zur Verminderung der Artenvielfalt im Sahel bei.

Die Regierungen der Sahelländer haben in einigen Fällen Schritte zum Schutz ihrer Natur und der dort vorkommenden Artenvielfalt unternommen. Zum Teil geschah dies, indem Naturparks und Schutzgebiete für bedrohte Tier- und Pflanzenarten eingerichtet wurden. Ferner wurden »teilweise geschützte« Gebiete ausgeschieden, in denen lediglich gewisse Formen der Landnutzung verboten sind, zum Beispiel das Fällen oder Abästen von Bäumen sowie das Jagen. Etwa sechs Prozent der Region sind zum teilweise oder ganz geschützten Gebiet erklärt worden: Ein Prozent bzw. 47'000 km² sind ganz und fünf Prozent bzw. fast 284'000 km² teilweise geschützt.

Nach Ansicht vieler Experten ist dies noch lange nicht genug, um alle Pflanzenarten angemessen zu schützen. Das Potential an Wildtieren scheint dagegen besser erfaßt zu sein; die wichtigsten Schutzzonen sind das Tierschutzgebiet von Ouadi-Rimi Ouadi-Achim im Tschad und das Naturschutzgebiet »Air von Ténéré« in Niger. Diese Gebiete sind als international wichtige Schutzgebiete für Huftiere anerkannt.[38]

In der Sahelzone liegen eine Anzahl wichtiger Feuchtgebiete. Dazu gehören der Fluß Niger, besonders sein Delta im Landesinnern von Mali, der Tschadsee im Tschad und in Niger, und der Fluß Senegal zusammen mit seinem Einzugsgebiet, das sich entlang der Südgrenze Mauretaniens bis nach Mali erstreckt. Diese Feuchtgebiete sind für die dortige Bevölkerung und ihre Tiere von größter Bedeutung, aber auch für das Wild. Zwar haben die Überschwemmungsgebiete der Flüsse der westlichen Sahara, besonders die des Senegal und des Niger, weitgehend ihre großen Säugetiere verloren, doch verbleiben sie überaus wichtig für die Überwinterung von Zugvögeln.[39]

Drei wichtige Gebiete sind in der Konvention von Ramsar über Feuchtgebiete von internationaler Bedeutung festgelegt worden: Es sind dies die Umgebung des Tschadsees und die im Binnenland liegenden Überschwemmungsgebiete des Senegals. Feuchtgebiete in anderen Teilen der Region sind viel weniger gut geschützt als diese.

Trotz dieser Bemühungen dürfen die Anstrengungen zum Schutz der Artenvielfalt im Sahel nicht nachlassen: Viele als geschützt erklärte Gebiete sind ungenügend abgegrenzt, kartografisch nicht oder nur mangelhaft erfaßt, und einige existieren überhaupt nur auf dem Papier. Es ist oft schwierig, in dieser Hinsicht Dichtung und Wahrheit auseinanderzuhalten. Soweit feststellbar ist, existieren viele der als geschützt angegebenen Gebiete tatsächlich in irgend einer Form.

Außerhalb Senegals aber ist die Qualität des Schutzes und der Verwaltung in den Parks und Reservaten im allgemeinen mangelhaft oder gar nicht vorhanden. Viele der angegebenen Gebiete sind unzulänglich geschützt. Die Errichtung von Reservaten stellt die armen Länder der Sahelzone vor eine Vielzahl praktischer Probleme: Es herrscht ein großer Mangel an kompetentem Führungspersonal und an geschulten Arbeitskräften auf allen Ebenen, an angemessener Ausrüstung (einschließlich Fahrzeugen) sowie generell an finanzieller Unterstützung.[40]

Schutzgebiete haben neben der Erhaltung der genetischen Substanz eine Anzahl weiterer Vorteile: So kann das Bewahren der Vegetation in Reservaten wie dem vorgesehenen »Air von Ténéré« (das größer ist als die Schweiz) den Boden stabilisieren, das Versickern des Wassers verhindern, die Erosion verlangsamen und sogar das örtliche Klima günstig beeinflussen. Der Schutz solcher Gebiete erhält erneuerbare und profitable natürliche Reichtümer zur Nutzung durch die einheimische Bevölkerung.

Die Einrichtung von Parks und Schutzgebieten ist ohne Zweifel von großem Wert für heutige und zukünftige Generationen. In der Praxis sind dazu jedoch einige Voraussetzungen notwendig, ohne die keine befriedigende Effektivität möglich wird. Aller Erfahrung nach haben Projekte dieser Art nur dann Erfolg, wenn die im Projektgebiet lebende Bevölkerung davon überzeugt ist, daß der »Schutz« des betreffenden Gebietes in ihrem eigenen Interesse liegt.[41] Ohne ihre Mitwirkung und überzeugte Unterstützung wird das Jagen, das Wildern und das Zerstören von natürlichen Ressourcen aller

Erfahrung nach unvermindert weitergehen; dazu kommt noch, daß alternative Erwerbsquellen oder Existenzgrundlagen geschaffen werden müssen, wenn der einheimischen Bevölkerung der Zugang zur Quelle ihres bisherigen Lebensunterhaltes verwehrt wird.

Alle Regierungen der Sahelzone verfügen über äußerst begrenzte Ressourcen, und die große Mehrzahl der im Sahel lebenden Menschen ist arm. Sie können es sich nicht leisten, finanzielle oder andere Opfer zu bringen, um die Artenvielfalt zu sichern. Die Motivation der betroffenen Menschen ist um so schwieriger zu steigern, als der langfristig anfallende Nutzen für sie sehr unsicher ist, während die Kosten des Verzichtes auf heutige Nutzung sofort anfallen. Daher ist Hilfe von außen für erfolgreichen Naturschutz im Sahel unerläßlich. Zur Zeit helfen verschiedene internationale Umweltschutzorganisationen, ausgesuchte Reservate in der Sahelzone einzurichten und zu verwalten, doch ist die internationale Hilfe bis heute angesichts der bestehenden Probleme viel zu klein.

Wenn die internationale Gemeinschaft die ökologischen, kulturellen und ästhetischen Vorteile, die der Welt aus der Erhaltung des Lebenspotentials der Sahelzone erwachsen, hoch einschätzt – und dieser Eindruck entsteht zumindest, wenn man die für das breite Publikum gedachten Reden an internationalen Umweltkonferenzen ernst nimmt –, dann ist auch zu erwarten, daß mit internationalen Mitteln in angemessener Höhe ein konkreter Beitrag zum Schutze dieses Potentials geleistet wird. Zu hoffen bleibt, daß dies in einer nicht allzu fernen Zukunft geschieht, denn »*das kommende Jahrzehnt ist vielleicht die letzte Chance, um eine neue Art des Zusammenlebens von Mensch und Natur in Afrika zu finden*«.[42]

6.3 Desertifikation und ihre Folgen für die Ökosysteme

Seit der großen Dürrekatastrophe in der Sahelzone von 1969 bis 1973 hat ein Begriff in der Diskussion ökologischer Problemkreise erheblich an Bedeutung gewonnen: *Desertifikation*. Die wohl beste Definition des damit verbundenen

Sachverhalts gibt Horst G. Mensching, der »Desertifikation« als Prozeß beschreibt, »[...] *der unter bestimmten Klimabedingungen, vor allem in bewohnten semiariden und subhumiden Zonen, seine größte Auswirkung erzielt und ein sehr schwerwiegender ökologischer Degradierungsvorgang* [ist], *der die Landnutzungsressourcen solcher Zonen schädigt und oft regional und sicher lokal irreversibel zerstört.*«[43] Durch die Desertifikation breiten sich wüstenähnliche Verhältnisse in Gebiete aus, in denen sie aufgrund der klimatischen Bedingungen eigentlich nicht mehr existieren sollten. Dies hat eine empfindliche Verminderung des Potentials für die Viehhaltung und den Anbau von Nahrungsmittel- und anderen Kulturen zur Folge. Da der Mensch an diesem Prozeß ursächlich beteiligt ist (das Wort »Desertifikation« ist abgeleitet vom lateinischen »desertus facere« = »Wüsten *machen*«), breitet sich die Desertifikation nicht von den menschenarmen Wüstengebieten in die Savannen- und Steppenregionen aus, sondern hat ihren Ursprung in den relativ dicht besiedelten, jedoch ökologisch anfälligen Steppen- und Savannengebieten.

Es gibt keinen Begriff in der deutschen Sprache, der dem Wort »Desertifikation« inhaltlich voll entspräche, »Wüstenbildung« oder »Versteppung« kommen ihm zwar nahe, geben jedoch vor allem nicht die Tatsache wieder, daß neben den Auswirkungen einer über mehrere Jahre anhaltenden ungenügenden Niederschlagsmenge der *Mensch* und seine Eingriffe in das Ökosystem für das Problem ursächlich sind. Menschengemachte Zerstörung des biologischen Potentials ökologisch empfindlicher Gebiete, z.B. durch unangepaßte landwirtschaftliche Techniken, durch forcierten Nahrungsmittelanbau in dafür nicht geeigneten Gebieten oder durch Überweidung, verstärken die Auswirkungen der Dürre und setzen einen eigendynamischen Degradierungsprozeß in Gang. Wo die Tragfähigkeit der natürlichen Vegetation nachhaltig überschritten wird, ist eine fortschreitende Bodenverschlechterung die Folge.[44]

Dürre und Desertifikation, so zeigt Mensching auf, hängen eng miteinander zusammen: Eine über mehrere Jahre anhaltende Wasserknappheit und die hohe Variabilität der Niederschläge verstärken die Desertifikation, diese wiederum leistet der Dürre Vorschub und verstärkt deren Auswirkungen.[45] Alle menschengemachten, übermäßigen Zerstörungen der natürlichen Vegetation können für sich allein zwar auch erhebliche ökologische Verschlechterungsprozesse zur Folge haben – diese führen aber erst bei längeren Dürrezeiten zur Desertifikation.

Desertifikation ist kein neues Phänomen, sie ist so alt wie die Geschichte der Menschen im Sahel. Auch Wanderdünen haben seit jeher immer wieder Wüstensiedlungen unter sich begraben und die Ertragsfähigkeit vieler fruchtbarer Gebiete zerstört. Viele frühe Aussagen über die Ausbreitung der Wüste im Sahel erscheinen heute anekdotenhaft, da sie auf Beobachtungen und Erzählungen von Reisenden und Händlern im späten 17. und Mitte des 18. Jahrhunderts beruhen. Alle vermitteln sie jedoch ein vegetationsreiches Bild über den Sahel, wie es für Feuchtgebiete charakteristisch ist. Offenbar waren die Ufer des Flusses Senegal einst mit Reihen dickstämmiger Bäume gesäumt – heute ist diese Region meist durch breite Flächen öden Sandes charakterisiert. In gleicher Weise sind einstmalige Sumpfgebiete verschwunden. Weite Teile Mauretaniens sollen noch vor etwa 300 Jahren mit sehr dichter Vegetation ausgestattet gewesen sein.

Seit dem frühen 20. Jahrhundert wird viel darüber diskutiert, ob der Sahel 'austrocknet' und sich die Wüste ausdehnt. So wie die Trockenzeiten kamen und gingen, gab es Fluten von Diskussionen und auch wieder Flauten. Nach der langen Dürreperiode der Jahre 1910-1918 waren französische und englische Kolonialverwalter der Ansicht, daß sich die Wüste Sahara rasch ausdehnen und auf die Sahelzone übergreifen werde. Doch – wie oft auch heute noch bei wichtigen Themen – mit dem Nachlassen des Problemdrucks (hier durch das Wiedereinsetzen ausgiebiger Regenfälle) schwand das Interesse am Thema.

In den späten dreißiger Jahren wurde die Diskussion über die Prozesse der Bodendegradation in der Sahelzone durch Professor Stebbing von der Universität Edinburgh mit seiner Veröffentlichung *The Encroaching Sahara* (Die vordringende Sahara) wieder aufgenommen.[46] Darin äußerte er die Vermutung, daß sich die Sahara sehr rasch in die Sahelzone hineinbewege. Er stützte sich dabei auf seine eigenen Beobachtungen (vornehmlich im nördlichen Nigeria) und auf seine Wahrnehmung, daß die Regenfälle spärlicher wurden, Dorfbrunnen austrockneten und Sanddünen auf dem Vormarsch zu sein schienen.

Im Jahre 1949 machte der einflußreiche französische Forstexperte Aubreville mit seinem Buch *Climats, Forêts et Désertification de l'Afrique Tropicale*[47] den Begriff der »Desertifikation« populär. Auch er führte die Bodenverschlechterung in erster Linie auf den Einfluß menschlicher Aktivitäten zurück und wies darauf hin, daß sich ihre Auswirkungen weit über die Sahelzone hinaus bemerkbar machten. Die Diskussion über diesen Sachverhalt verstummte wieder in den fünfziger und frühen sechziger Jahren, als es reichlich und über die gesamte Region gut verteilt regnete. Erst als in den späten sechziger Jahren erneut eine anhaltende Dürreperiode einsetzte, belebte sich die Diskussion von neuem. Das Thema erreichte, nicht zuletzt als Folge der verheerenden Auswirkungen der Dürrekatastrophe von 1968-1973, große internationale Resonanz und hatte seinen Höhepunkt in der ersten Konferenz der Vereinten Nationen über Desertifikation (»UN-Conference on Desertification«) im Jahre 1977 in Nairobi.

An dieser UN-Konferenz wurde die internationale Gemeinschaft erstmals mit dem Phänomen »Desertifikation« konfrontiert. Sie mußte damals ein Thema diskutieren, über das nur sehr dürftige Informationen und wenige objektive Angaben vorlagen.[48] Infolgedessen stand eine Beurteilung der vorgelegten Fakten über Stand und Verlauf der Desertifikation an oberster Stelle der Tagesordnung. Die erforderlichen Informationen für die Konferenz wurden durch Fragebögen ermittelt, in welchen die betroffenen Regierungen Angaben zum Stand der Desertifikation in ihrem jeweiligen

Land machen sollten. Zu den verwendeten Indikatoren gehörten die Anhäufung und das Vordringen von Sanddünen, die Abnahme der Qualität von Weideland und landwirtschaftlichen Nutzflächen, die Versalzung bewässerter Felder, der Schwund der Wälder und schließlich die nachlassende Verfügbarkeit und Qualität des Grund- und Oberflächenwassers.

Anhand der so gesammelten Daten stufte man den Desertifikationsgrad als »geringfügig«, »mäßig« oder »schwerwiegend« ein. Als »mäßige« Desertifikation galt, wenn die landwirtschaftliche Nutzfläche 25 Prozent ihrer möglichen Produktivität einbüßte und ihre Ressourcenausstattung abnahm. Die Desertifikation wurde als »schwerwiegend« klassifiziert, wenn Produktivitätsverluste von mehr als 50 Prozent des Bodenpotentials vorlagen und seine Wiederherstellung durch Neulandgewinnung als »wirtschaftlich nicht durchführbar« betrachtet wurde.

Diese Einstufungen waren wenig exakt und ließen breiten Raum für vage Interpretationen.[49] Der Vorteil der Fragebogenaktion war jedoch, daß erstmals international aufgezeigt werden konnte, daß Desertifikation in vielen Ländern tatsächlich ein ernstzunehmendes Problem ist und nicht eine vorübergehende und vom nächsten Regen wieder weggeschwemmte Problematik.

Bei mehr als 80 Prozent des Weidelandes und fast ebensoviel der unbewässerten Anbauflächen wurde der Desertifikationsgrad zumindest als »mäßig« eingestuft, etwa ein Viertel der Anbauflächen galt als schwerwiegend geschädigt. Laut den damaligen Schätzungen der Vereinten Nationen waren etwa 70 Prozent der Landbevölkerung der Sahelzone von mäßiger und etwa ein Drittel von schwerwiegender Desertifikation betroffen. Die meisten gefährdeten Menschen lebten in den am dichtest besiedelten Gegenden der Region – den Trockenfeldbaugebieten im südlichen Teil der Sahelzone.

Die damals weitverbreitete Meinung, daß sich die Wüste jedes Jahr um eine bestimmte Anzahl Kilometer in südlicher Richtung ausdehne[50], wurde später auch vom Brundtland-Bericht aufgenommen, fand Eingang in Reden des Weltbank-Präsidenten, in Berichte des Umweltprogramms der Vereinten Nationen (UNEP) und in Erklärungen vieler Organisationen der Entwicklungszusammenarbeit.[51] Die Vorstellung von einer »vorrückenden Wüste« brachte eine Fülle gut gemeinter Vorschläge hervor, so etwa den, einen 'grünen Gürtel' aus Bäumen quer durch die Wüste zu pflanzen, um ihrem 'unerbittlichen' Vordringen in relativ fruchtbare Gegenden Einhalt zu gebieten.

Spätere Satellitenaufnahmen zeigten, daß mit der Rückkehr der Regenfälle nach der Dürreperiode im Jahre 1984 die Vegetation, die sich während der ausgebliebenen Regenfälle zurückgezogen hatte, wieder nach Norden hin ausbreitete.[52] So wie es heute aussieht, ist die Desertifikation *nicht* das Ergebnis eines unbarmherzigen und unaufhaltsamen Vorrückens der Wüste. Sie wird vielmehr von spezifischen örtlichen Bedingungen in den betroffenen ariden und semi-ariden Gebieten bestimmt, Gebiete, die sowohl in bezug auf die mikroklimatischen als auch die sozioökonomischen Rahmenbedingungen sehr unterschiedlich sind.[53] Während die These, die Wüste dehne sich beständig nach Süden aus, in den letzten Jahren weitgehend an Unterstützung verloren hat[54], ist heute unübersehbar, daß die Desertifikation in der westafrikanischen Sahelzone zugenommen hat.

Noch immer unbeantwortet ist die Frage, ob Desertifikation ein vorübergehendes und, zumindest teilweise, reversibles Phänomen ist, oder durch sie irreversibler Schaden verursacht wird. Empirisch feststellbar ist, daß aufgrund der letzten niederschlagsreichen Jahre gute Ernten in Gegenden eingebracht werden konnten, wo während der Dürreperioden wüstenähnliche Bedingungen herrschten.[55] Auch haben sich mancherorts die Ökosysteme, die zerstört zu sein schienen, »erneuert« (zumindest dort, wo eine ausreichende Vielfalt von Arten erhalten blieb, so daß ein Zusammenbrechen des Ökosystems verhindert werden konnte).

Die Größe der von der Desertifikation betroffenen Erdoberfläche ist auch heute noch Gegenstand von Spekulatio-

Brennholzgewinnung für den Markt.

Bäume – …

… ein gefährdetes Lebenssymbol.

Übernutzung der Böden – Folge des Wohlstandes …

...oder Folge der Armut?

Bodenerosion

Boden einer Überflutungslandschaft.

nen.[56] Eine vielzitierte Schätzung der UNO, daß 21 Millionen Hektar Land jedes Jahr verloren gehen[57], hat wenig Akzeptanz bei der Weltbank[58] und anderen internationalen Institutionen[59] gefunden. Ein Hauptgrund für das Fehlen von verläßlichen Informationen und Daten zur Klärung dieser Streitfrage ist der Mangel an Sachkenntnis, gut ausgebildetem Personal, angemessener finanzieller Unterstützung sowie an gut erhaltener Ausrüstung in den betroffenen Ländern. Hinzu kommt, daß sich die Satellitentechnologie, die man anfangs als entscheidendes Rüstzeug für die Untersuchung der Bodennutzung angesehen hatte[60], letztlich als weniger geeignet herausgestellt hat.[61]

Alles in allem sind die bisherigen Überwachungsmethoden der Veränderungen im Sahel noch immer sehr unvollkommen, und man muß wohl Fallouxs Ansicht teilen, daß »ein Großteil des Alarms über die Ausbreitung der Wüsten auf sehr ungenauen Angaben beruht«.[62] Diese Schlußfolgerung ist recht entmutigend, um so mehr als schon die UNO-Konferenz über Desertifikation im Jahre 1977 das Problem mangelnder empirischer Daten beklagt und die internationale Gemeinschaft dringend zur Bereitstellung angemessener Mittel für die Verbesserung der Lage aufgefordert hatte. Tendenziell lassen die heute verfügbaren empirischen Materialien den Schluß zu, daß sich die Desertifikation während der letzten Jahrzehnte erheblich ausgedehnt hat.

Eine der aktuellsten Fragen im Zusammenhang mit Umweltproblemen in der Sahelzone ist die, ob Veränderungen in den Witterungsabläufen, vor allem in den Niederschlagstendenzen stattfinden, und, wenn ja, was dies für die Zukunft der Region bedeutet. In den meisten Gebieten der Sahelzone ist Wasser schon heute das bei weitem knappste Gut, da die Wasserversorgung von Mensch und Tier von unregelmäßigen Regenfällen abhängig ist. Infolgedessen ist im Interesse der Menschen im Sahel die Beantwortung der Frage, wie eine eventuelle langfristige Klimaveränderung die Desertifikation beeinflussen würde, dringend erforderlich.

Eine vom Board on Science and Technology (BOSTID) des US-bundesstaatlichen Forschungsrates vorgenommene naturhistorische Untersuchung vertritt die Ansicht, daß sich das Klima in der Sahelzone während der letzten 2'500 Jahre nur geringfügig verändert hat, daß aber das 20. Jahrhundert möglicherweise das trockenste der letzten tausend Jahre sein könnte.[63] Die Untersuchung zeigt ebenfalls, daß lange Trockenperioden ein historisch gesehen völlig normales klimatisches Charakteristikum der Region sind. Die Studie belegt auch, daß es eine allgemeine Verlagerung der Isohyeten (metereologische Bezeichung für die Verbindungslinie von Orten gleicher Niederschlagsmengen) in südlicher Richtung gegeben hat, und daß in manchen Gegenden, vor allem im südlichsten Teil der Sahelzone, heute durchschnittlich weniger Niederschläge fallen als früher. Konkret bedeutet dies, daß Gegenden, in denen es früher normalerweise 550 mm Regen pro Jahr gab, heute nur noch etwa mit 400 mm pro Jahr rechnen können. Über die Frage allerdings, ob dies ein Zeichen für globale Klimaveränderungen ist oder nicht, besteht Uneinigkeit.

Die Sahelzone liegt zwischen den größeren meteorologischen Strömungssystemen der nördlichen und südlichen Hemisphären, so daß klimatische Veränderungen in der Sahelzone von den Witterungsverläufen beider Hemisphären beeinflußt werden. Dies macht es außerordentlich schwierig, Veränderungsprozesse auch nur annäherungsweise nachzuvollziehen oder gar zu prognostizieren. Genauere Wettervorhersagen für die Sahelzone werden weiterhin von einer Vertiefung der Kenntnis globaler Klimavorgänge abhängen – ein vordringliches Anliegen der heutigen Klimaforschung.

Die meisten Klimaforscher sind mit Vorhersagen zukünftiger Entwicklungen für die Sahelzone sehr zurückhaltend.[64] Der bisherige Grund dafür lag in den Ungewißheiten über die globale Erwärmung und ihre möglichen Auswirkungen auf das Klima der Sahelzone. Angesichts der neuesten Erkenntnisse über die globale Erwärmung wäre es jedoch unangemessen optimistisch, davon auszugehen, daß die Region auf Dauer vor anhaltenden Austrocknungsprozessen verschont bleiben wird.

Einigermaßen sicher ist aus heutiger Sicht, daß die Menschen in der Sahelzone auch in Zukunft Jahre mit gut verteilten und reichlichen aber auch Jahre mit schlecht verteilten und kargen Niederschlägen erleben werden. Infolgedessen wäre es weise, wenn sich die politisch Verantwortlichen in den betroffenen Ländern nicht auf die vage Hoffnung langer Perioden mit ausgiebigen Niederschlägen verließen. In Hinblick auf die in Zukunft zu erwartenden Klimaschwankungen und die hohe Wahrscheinlichkeit wiederkehrender Dürreperioden wäre vielmehr – ohne den Druck katastrophaler Ereignisse – ein vorsorgliches Handeln angezeigt. Wünschbar wäre, daß im Vordergrund solchen Handelns nicht nur allgemeine Verbesserungen im Ressourcen-Management zur Bekämpfung der Desertifikation[65] stehen, sondern auch die Ausarbeitung von Programmen zur Nahrungsmittelsicherung.

Die Tatsache, daß man heute noch zu wenig über längerfristige Klimatrends und deren ökologische Auswirkungen weiß, sollte kein Grund für aufschiebendes Handeln sein, denn vorhandenes empirisches Wissen macht deutlich, daß schon kurzfristige Klimaschwankungen zu erheblichen Veränderungen bei der Flora und Fauna der betroffenen Gebiete führen.

Untersuchungen der französischen Forschungsorganisation ORSTOM haben gezeigt, daß sich die Gras- und Buschvegetation in einem abgegrenzten Untersuchungsgebiet im nördlichen Senegal während Jahren mit geringen Niederschlagsmengen stark veränderte. Nach 1972, einem regenarmen Jahr, starben dort mehr als die Hälfte der Bäume der Sorte *Acacia Senegal*, und die Zusammensetzung der Gräser veränderte sich geradezu dramatisch, indem nährstoffarme einjährige Pflanzen mehrjährige Pflanzen verdrängten.[66]

Das Prinzip der kumulativen Verursachung und der wechselseitigen Abhängigkeit ökologischer Faktoren konnte im Detail nachvollzogen werden: Als Konsequenz der primären Veränderungen nahmen die Nagetierpopulationen ab, Falken und andere Raubtiere, die sich von Nagetieren ernähren, verließen das Gebiet. Die Termitenplage verschlimmerte sich, da diese durch die abgestorbene Vegetation paradisische Lebensbedingungen vorfanden. Als die Regenfälle wieder einsetzten, erholte sich das Gebiet nur mühsam – die 'heile Welt' kehrte jedoch nicht zurück: Das neuerliche Wachsen von Gras hatte eine rasche Zunahme von Feldmäusen zur Folge, die wiederum die Neubelebung der Akazienarten ernsthaft verzögerte, da sich die Tiere von den jungen Trieben ernährten. Die Regeneration dieser Bäume konnte erst wieder einsetzen, als sich viel später die Mäusepopulation wieder stabilisierte.[67]

Die ORSTOM-Untersuchung legt die Vermutung nahe, daß bereits kurzfristige Klimaveränderungen einen meßbaren Einfluß auf die Umwelt haben und schließlich zu kumulativen Veränderungen im Ökosystem beitragen. Die Untersuchung lieferte auch Hinweise auf die Richtigkeit der Annahme, daß bereits mikro-ökologische Veränderungen eine Verschlechterungsspirale in Gang setzen können – wie etwa, daß die Wachstumsverzögerung der Bäume zu Erosion führen kann. Die Dürren und die damit verbundene Degradierung und Schädigung der Ökosysteme haben bereits zu einer meßbaren Beschleunigung der Bodenerosion in der Sahelzone beigetragen.

Die Böden in der Sahelzone sind von geringer Fruchtbarkeit und nicht tiefschichtig. Deshalb ist eine minimale Vegetationsschicht als Oberflächenschutz gegen die Einwirkungen von Regen und Wind von größter Bedeutung. Dies wurde während der Dürre in den siebziger Jahren offenbar: Als der – wegen des Absterbens der regenabhängigen Vegetation – ungeschützte, lockere Boden starken Winden ausgesetzt war, wurden große Mengen des Mutterbodens abgetragen. Die Folge war ein erheblicher Verlust an wichtigen Bodennährstoffen und eine stark verminderte Ertragsfähigkeit der betroffenen Böden. Nachfolgende, oft sehr starke

Regenfälle konnten dann nicht mehr vom Boden absorbiert werden, mit der Folge, daß die Erdoberschicht weggeschwemmt wurde.

Mensching weist in seiner Analyse unter anderem auf die folgenden ökologischen Konsequenzen der jahrelangen *Niederschlagsdefizite* in der Sahelzone hin:[68]

- Absterben der Grasdecke in weiten Teilen;
- Absterben eines Teiles des Buschbestandes und auch der flachwurzelnden Akazienbestände, besonders der *Acacia mellifera*, *Acacia nubica*, u.a.;
- Absenken des oberflächennahen Grundwasserspiegels, vor allem im Einzugsbereich der Brunnen, auch in den Wadis[69];
- Verstärkung der Sandbewegungen (»shifting sands«) und Reaktivierung eines Teiles der Altdünen;
- verstärkte Ausblasung der feinen Bodenbestandteile;
- erhöhte Evaporation mit Austrocknung der Böden und Aufreißen der Tonböden (»cracking«).

6.4 Menschliche Eingriffe in die Natur und Desertifikation

Das rasche Bevölkerungswachstum und der zunehmende Viehbestand sind nach heutiger Sicht der Dinge die beiden Hauptfaktoren für die Desertifikation in der Sahelzone. Der Standpunkt, daß die *Tragfähigkeit* der Region durch die zu schnell wachsende Bevölkerung und – in der Folge – der zu hohen Anzahl der Nutztiere stark in Anspruch genommen und in manchen Gegenden sogar überschritten sei, wird auch in einer kürzlich erschienenen Veröffentlichung der Weltbank vertreten.[70] Der Begriff »*Tragfähigkeit*« bezeichnet jene maximale Anzahl Menschen und deren Nutztiere, die von einem bestimmten Gebiet aufgenommen werden kann, ohne daß es zu nachhaltigen Verschlechterungen der Umweltqualität kommt. Die Weltbankstudie schätzt, daß die Tragfähigkeit der sahelo-sudanesischen Zone, die zwischen die 350-600 mm-Niederschlagslinie fällt, und wo mehr als die Hälfte der Gesamtbevölkerung des Sahel lebt, bei gegebenen Nutzungsmethoden etwa 15 Menschen pro Quadratkilometer beträgt. Nun liegt aber nach heutigen Schätzungen die Bevölkerungsdichte dieser Zone bei etwa 20 Menschen pro Quadratkilometer, so daß beim vorherrschenden Ressourcennutzungsmuster die Tragfähigkeit bereits zu stark beansprucht wird.

Am ausgeprägtesten übersteigt die Bevölkerungsdichte die geschätzte Tragfähigkeit im senegalesischen Erdnußbecken, in Gambia und in der Mossi-Hochebene, wo schätzungsweise 24 Prozent der gesamten Bevölkerung auf nur 2 Prozent des gesamten Gebietes leben, und die Dichte der Landbevölkerung bei 45 Personen pro km² liegt. Die Weltbankstudie belegt, daß in Gebieten hohen Bevölkerungswachstums und aufgrund des damit verbundenen Drucks auf das bebaubare Land und die vorhandenen Brennholzressourcen die Desertifikation am weitesten fortgeschritten ist; eine Verschlechterung des ökologischen Status der Region wird für den Fall vorausgesagt, daß keine Maßnahmen zum schonenden und erhaltenden Umgang mit den natürlichen Ressourcen ergriffen werden.[71]

Die Weltbankstudie zeigt aber auch, daß es Regionen in der Sahelzone gibt, in denen die Bevölkerungzahl – bei vorgegebenem Ressourcennutzungsmuster – weit unterhalb der Tragfähigkeitsgrenze liegt. Dies trifft vor allem auf den südlichsten Teil der sudanesisch-guinesischen Zone zu, dessen Tragfähigkeit schätzungsweise bei 35 Menschen pro km² liegt, wo die heutige Bevölkerungsdichte jedoch erst 9 Menschen pro km² beträgt. Zwischen den Zeilen kann man dieser Studie eine Aufforderung zur Migration in die feuchteren Gebiete des Südens entnehmen, da dort das Potential für eine nachhaltige Intensivierung der landwirtschaftlichen Produktion noch ausreichend groß ist. In den trockeneren Regionen, die den Großteil der Sahelzone ausmachen, ist an eine Intensivierung der landwirtschaftlichen Nutzung nicht zu denken.[72]

Der negativ synergistische Zusammenhang zwischen hohem Bevölkerungszuwachs, einer statischen Technologie und der Desertifikation ist unstrittig. Die Verknüpfung dieser drei Faktoren ist *das* Einzelelement, das Lösungsansätze so schwierig gestaltet. Da es für die Menschen im Sahel außerhalb der Landwirtschaft nur sehr begrenzte Möglichkeiten für eine existenzsichernde Beschäftigung gibt, erhöht sich ständig die Zahl derer, die für ihren Lebensunterhalt vom Boden abhängig sind.

Die traditionellen Produktionsmethoden waren zu Zeiten einer geringeren Bevölkerungszahl ressourcenschonend und sozusagen »maßgeschneidert«, um die Bodenfruchtbarkeit auf Dauer zu erhalten. Das frühere Landnutzungsmuster schloß eine Brachezeit von einem Jahrzehnt oder länger ein, in der sich die Böden regenerieren konnten. Darüber hinaus ergriff man eine Reihe billiger Maßnahmen gegen die Erosion und zur Förderung der Bodenfruchtbarkeit. Je nach Gegend handelte es sich dabei um das Pflanzen von windschützenden Hecken und schattenspendenden Bäumen, die sorgfältige Nutzung des vorhandenen Wassers durch das Anlegen von Terrassen und den Bau von Dämmen, sowie Zwischenfruchtanbau, und anderes. Diese traditionellen landwirtschaftlichen Methoden ermöglichten in der Vergangenheit zwar auch nur niedrige, aber immerhin stabile Erträge.

Infolge der schnell wachsenden Bevölkerungen nimmt der Druck auf die landwirtschaftlichen Nutzflächen zu. Darunter leidet in erster Linie das Hauptelement der traditionellen Anbaumethode, nämlich das Einhalten angemessener Brachezeiten. In den meisten Fällen hat man diese Methode ganz aufgegeben, jedoch ohne irgendwelche technischen Kompensationsmittel zur Anreicherung der Bodenfruchtbarkeit, wie z.B. neue Saatsorten oder Düngemittel. Somit nimmt das Produktivitätspotential der Böden ab, und um die damit verbundenen Ertragsverluste wettzumachen, wird stetig neues Land unter den Pflug genommen. So wird auf Gebiete mit marginalen Böden ausgewichen oder auf solche, die die Viehzüchter für sich beanspruchen wollen. Unter dem Verteilungskampf um die knappen Ressourcen, der in den letzten Jahren zwischen Kleinbauern und Viehzüchtern ausgebrochen ist, hat das Busch- und Grasland erheblich zu leiden: Die Viehzüchter brennen die alte Vegetation ab, damit ihre Tiere schnell zu zartem Grünfutter finden. Das Feuer baut aber die Bodenfruchtbarkeit ab, indem wertvolle Nährstoffe aus dem Gras und dem Dung der Tiere zu Asche gemacht werden. Nachfolgende Regenfälle können nicht absorbiert werden und waschen den Boden weg. Zudem werden durch das Abbrennen der Vegetation auch die Bäume und Sträucher zerstört, die den Boden festigen und die darin enthaltenen Nährstoffe aufbereiten.[73] Brandrodung nützt somit zwar kurzfristig den Hirten, straft aber auf lange Frist die Ackerbauern und die Gemeinschaft als Ganzes mit dem Verlust der Bodenfruchtbarkeit und mit der Wegbereitung für die Erosion.

Der Zusammenhang zwischen der Größe des Viehbestands und dem Fortschreiten der Desertifikation ist komplex und bis heute Gegenstand vieler Debatten. Die Tatsache, daß einige der heutigen ökologischen Probleme, die sich aus der Überweidung und Zerstörung der Vegetationsschicht ergeben, ihren Ursprung in der Kolonialzeit haben, läßt sich anhand der vorkolonialen Geschichte des Wanderhirten-Volkes der Peul (auch Fulbe genannt) erläutern:

Die Peul kamen jeweils in der Regenzeit ins Gebiet des Ferlo im Senegal und ließen dort ihre Herden um die Wasserstellen herum weiden, die sich zu dieser Jahreszeit bilden. Sie zogen sich aber in der Trockenzeit ins Tal des Senegal-Flusses oder in das feuchtere Acker- und Weideland des Sine Saloum zurück. Dort konnte das Vieh immer noch ausreichend Futter finden. Als dann die Ackerbauern angespornt wurden, die Erdnußproduktion für den Export zu erhöhen, wurden die Peul von diesem Gebiet ausgeschlossen. Gleichzeitig versperrte die Anlegung bewässerter Felder entlang des Senegal-Flusses den Zugang der Herden zu den flußnahen Weiden, wodurch das ausgewogene Gefüge von Landwirtschaft und Viehzucht gestört wurde. Mitte der fünfziger Jahre wurden im Ferlo Bohrbrunnen und Wasserstellen angelegt, um die Peul dort zu »stabilisieren«. Die Hirten blieben also wohl oder übel – angesichts des eingeschränkten Weidelandes – während des ganzen Jahres im Ferlo.

Gleichzeitig sank in den fünfziger und sechziger Jahren die Sterblichkeitsrate des Viehs durch erfolgreiche Impfprogramme. Die Viehbestände nahmen dadurch beträchtlich zu. Als dann die Dürreperioden nach 1968 einsetzten, konnten die Viehzüchter nicht mehr auf die traditionellen Weideplätze ausweichen, die sie in früheren trockenen Jahren aufgesucht hatten. Infolgedessen kam eine große Anzahl der Tiere wegen Futtermangels – und nicht so sehr wegen Wassermangels – um.[74]

Der wachsende Viehbestand auf dem begrenzten Weideland, das den Peul zur Verfügung stand, zerstörte das ökologische Gleichgewicht. Die Überweidung führte zur Verdrängung nährstoffreicher mehrjähriger Gräser durch einjährige Grassorten und schließlich durch ungenießbare Kräuter und Sträucher. Der Schaden, der dadurch angerichtet wurde, verschlimmerte sich noch dadurch, daß die Huftiere den Boden zertrampelten und einebneten. Brach der Boden dann auf, z.B. wegen unzureichender Niederschläge, so wurden Wurzeln bloßgelegt und herausgezogen.

Die Zerstörung der Weidegebiete ist ein klassischer Fall von Interessenkonflikt zwischen Individual- und Gemeinwohl oder ein Beispiel für die »Tragödie von Allmenden«. Sie spielt sich überall dort ab, wo individuelle Nutzungsrechte (hier Weiderecht für privaten Rinderbestand) auf Gemeinschaftsbesitz bestehen. Da die Weiden der Allgemeinheit gehören, hat der einzelne Herdenbesitzer keinen Anreiz, seinen Viehbestand der Tragfähigkeit der Weidegebiete anzupassen, wenn andere dies nicht auch tun. Die unweigerliche Folge ist die übermäßige Nutzung gemeinsamen Eigentums zum privaten Vorteil.

Obwohl man konstatieren muß, daß die Tragfähigkeit der Weidegebiete nur noch selten mit den Subsistenzbedürfnissen der nomadisierenden Gruppen übereinstimmt, wird die Übernutzung der Weidegebiete auch durch die Denk- und Verhaltensweise vieler Viehzüchter im Sahel beschleunigt, ihr Vieh eher als Zeichen des Wohlstands denn als eine handelbare Ware zu betrachten. Diese Einstellung führt dazu, daß Herdenbesitzer ihren Viehbestand aufrechterhalten, solange es irgend geht, anstatt sich von ihm zu trennen, wenn sich die Rahmenbedingungen für die Viehhaltung verschlechtern. Viele Beobachter der Sahel-Szene vertreten die Ansicht, daß sich ökologische Verbesserungen in den Viehzuchtgebieten und eine Verminderung der Umweltbelastung nur erreichen lassen, wenn sich die Landbesitzverhältnisse verändern – konkret, indem individueller Grundbesitz (statt kommunaler Nutzungsrechte) möglich wird, und so die Verantwortung für die Substanzerhaltung der Weideflächen den einzelnen Nutznießern anvertraut wird, bzw. diese einen Anreiz zur Umwelterhaltung haben.

Andere Theoretiker und Praktiker sind der Meinung, daß die traditionelle Regelung ihre eigenen Kontrollen und Gegengewichte hat – wenn man sie nur gewähren läßt –, so daß die Natur die Größe des Viehbestandes mit der Belastbarkeit des Weidelandes im Gleichgewicht hält.[75] Dieses Gewährenlassen könnte z.B. bedeuten, daß man bei unzureichender Versorgung mit Wasser oder Gras den Tod ganzer Herden hinnimmt und auch mit Impfprogrammen selektiver vorgeht.

Der wachsende Viehbestand und besonders die Konzentration der Herden an den Wasserstellen haben in den letzten dreißig Jahren in erheblichem Maße zur Verschlechterung der Ressourcenbasis im Sahel beigetragen. Je nach Jahreszeit kann das Vieh nicht weiter als 15-30 km von den Wasserstellen entfernt weiden. Infolgedessen kommt es während der Trockenzeit zu großem Andrang auf begrenztem Weidegebiet und zur Überweidung.

Auch unangemessene staatliche Interventionen hatten negative ökologische Auswirkungen, so z.B. Regierungsprogramme, die die traditionelle Wanderviehzucht unterbanden und stattdessen allgemein nutzbare Wasserstellen anlegten. Traditionell hatten diejenigen Personen oder Gruppen, die den Brunnen bauten, das Erstrecht auf seine Benutzung. Ohne diese traditionelle Form der Kontrolle kam es durch die Übernutzung knapper Ressourcen in den Weidegebieten zu einer massiven Verschlechterung der Bodenfruchtbarkeit.[76]

Es ist jedoch in diesem Zusammenhang anzumerken, daß sich die Vegetation mit den wiedereinsetzenden Regenfällen im Ferlo geradezu aufsehenerregend erholte. Die Rückkehr der Grasflächen gibt wichtige Hinweise, wie widerstandsfähig die Vegetation ist und wie vorsichtig man über Ausmaß und Tiefe der Ressourcenverschlechterung auf Grund der Überweidung urteilen sollte. Damit sei nicht gesagt, daß die Desertifikation kein ernstes Problem in semiariden Gebieten wie dem Ferlo ist – sie ist in der Tat eines. Es ist jedoch unerläßlich, daß ökologische Probleme nicht isoliert, sondern im Zusammenhang mit anderen, z.B. sozialen und wirtschaftlichen Gegebenheiten eines jeden Gebietes betrachtet werden. Obwohl daher verallgemeinernde Aussagen einen begrenzten Wert haben, gibt es genügend Anlaß, sich der Ansicht des IUCN anzuschließen, daß nur eine angemessene Verringerung des Viehbestandes in der Sahelregion eine Regeneration des geschädigten Ökosystems ermöglichen wird.[77]

Das Bevölkerungswachstum und die damit einhergehende Zunahme des Viehbestandes in der Sahelzone trägt auch maßgeblich zur Abholzung der verbliebenen Sträucher und Bäume bei. Obwohl das Problem dringlich ist, besteht – wie meist, wenn es um das Inventar natürlicher Ressourcen der Sahelzone geht – ein Mangel an verläßlichen Angaben über den Bestand an Wäldern, Gehölz und Bäumen. Die größten Waldgebiete befinden sich wohl im Tschad, im Senegal und in Mali. Während es im zentralen Sahel (innerhalb der 200-500 mm-Niederschlagslinie) nur sehr wenig Wald im eigentlichen Sinne des Wortes gibt, fehlt es dort keineswegs an Bäumen. Sie stellen sogar ein vorherrschendes Element in der Landschaft der Dornbuschsavanne dar.

Gemäß den vom Tropical Forestry Action Plan 1990 zusammengetragenen Daten ist der Verlust an Baumbestand

– am internationalen Standard gemessen – mit drei Prozent pro Jahr hoch.[78] Andere Untersuchungen belegen für einzelne Regionen ähnliches: So wurden z.B. zwischen 1972 und 1977 etwa 60 Prozent der geschützten Wälder im Tal des Senegal-Flusses zerstört, mehr als die Hälfte der natürlichen Waldfläche ist davon betroffen.[79] Angesichts der geringen Aufforstungs- und Wiederaufforstungsbemühungen – weniger als ein Prozent pro Jahr – könnte der Baumbestand des Sahel innerhalb der nächsten dreißig Jahre so gut wie ganz verschwinden.

Die Gründe für die große Geschwindigkeit der Abholzung sind unterschiedlich, aber die meisten Beobachter scheinen darin übereinzustimmen, daß einer der wichtigsten Gründe der steigende Energiebedarf in den städtischen Gebieten ist, vor allem an Holzkohle zum Kochen. Die 34 Prozent der städtischen Bevölkerung im Senegal verbrauchten in den frühen achtziger Jahren 54 Prozent des gesamten Brennholzes.[80] Man schätzt, daß die gegenwärtige Jahresrate des Brennholzverbrauches das mittlere jährliche Wachstum der örtlichen Baumvorräte und Waldreserven in der Sahelzone um 30 Prozent übersteigt, so daß der jetzige Bedarf nur durch die Erschöpfung der bestehenden Brennmaterialien gedeckt werden kann.[81]

Der starke Brennholzbedarf und die wachsende Kluft zwischen Angebot und Nachfrage haben die Entwicklung bzw. das Angebot alternativer Energiequellen (Gas, Solaröfen[82], etc.) zwar beschleunigt, da jedoch traditionell Brennholz ein 'freies Gut' ist, kann unter den gegebenen Umständen keine andere Energiequelle so preiswert sein wie Holz. Gewiß wird dort, wo die Einkommen steigen oder bereits so hoch sind, daß für die Sauberkeit und Bequemlichkeit von hochwertigeren Brennstoffen wie Petroleum, Flüssiggas oder Ethanol höhere Preise bezahlt werden können, ein Nachlassen der Nachfrage nach Brennholz zu erwarten sein – aber die meisten Bewohner der Sahelzone haben im Augenblick keine Alternativen. Somit bleibt die Suche nach billigen Substituten und die Verbesserung der traditionellen Holzöfen im Sinne

74

einer höheren Effizienz eine weiterhin wichtige Aufgabe. Positive Ergebnisse von diesbezüglichen Forschungs- und Entwicklungsbemühungen liegen vor.[83] Doch, wie meist bei der Einführung einer neuen Technologie in traditionellen Gesellschaften, gewinnen auch die energieeffizienteren Holzöfen im Sahel nur langsam an Akzeptanz. Aber selbst dann, wenn man die Akzeptanzrate solcher neuer Öfen beträchtlich erhöhen könnte, ist es unwahrscheinlich, daß sie in naher Zukunft die Nachfrage nach Brennholz in der Region substantiell vermindern werden. Eine erhebliche Erhöhung des Angebots an Brennmaterial wird notwendig sein, um den Bedarf der wachsenden Bevölkerung zu decken.

Der rasche Abholzungsprozeß der vergangenen Jahre hat in den ländlichen Gebieten des Sahel eine nie dagewesene ökologische Verschlechterung verursacht. Am meisten litt die Bodenfruchtbarkeit. Die Bäume der Sahelzone spielen bei der Wiederverwertung der Nährstoffe des Bodens eine wichtige Rolle. In der Regel werden die in einem Baum gespeicherten Mineralstoffe mit Baumresten, Früchten, abgestorbenem Holz, sich zersetzenden Wurzeln und mit Nährstoffen, die das Regenwasser vom Wipfel des Baumes spült, dem Boden zurückgegeben. Tiefgehendes Wurzelwerk, wie es die weitverbreiteten Albina-Bäume haben, trägt dazu bei, daß Nährstoffe in die oberen Bodenschichten gelangen und diese angereichert werden. Dieses 'recycling' von Nährstoffen ist für die Verbesserung der Bodenfruchtbarkeit von großer Bedeutung. Experimente im Senegal und andernorts haben gezeigt, daß dieser Prozeß die Ernteerträge positiv beeinflußte.[84] Sind die Bäume jedoch erst einmal zerstört, sei es durch Brennholzgewinnung oder Rodung für Ackerland, so geht ihr potentieller Nutzen für den Boden sowie für das Mikroklima verloren.

Das Ausmaß der Umweltschädigung durch die Abholzung ist von Ort zu Ort verschieden. Wo Abholzung großflächig betrieben wurde, war Tiefenerosion die Folge, und da das bodenfestigende Wurzelwerk geschwächt wurde, bildeten sich Dünen. Die Abholzung führte überdies zum

Verlust des knappsten natürlichen Guts im Sahel: der Bodenfeuchtigkeit. Durch die Zerstörung der Bäume als Licht- und
Windschatten-Spender kam es zu höheren Windgeschwin-
digkeiten, zu stärkerer Oberflächenverdunstung und damit
zu einer Abnahme der Bodenfeuchtigkeit und der Vegetation.
Somit konnten Regen und Wind in verstärktem Maße den
Boden abtragen.

Das Abholzen hat noch weitere negative Aspekte: Nicht
nur müssen die Frauen, die meist für die Beschaffung von
Brennholz verantwortlich sind, weitere Distanzen zurückle-
gen, wenn die Brennholzvorräte abnehmen. Auch wird als
Alternative vermehrt nährstoffhaltiges Material wie z.B.
Kuhmist verbrannt, der sehr viel produktiver als Dung eingesetzt werden könnte.

Bis jetzt hat dieses Problem in der Sahelzone noch nicht
die Dimension erreicht wie etwa in Indien; wenn aber das
Brennstoffproblem nicht gelöst wird, könnte es in den nächsten Jahren durchaus zu einer größeren Umweltsorge werden.

Schaubild 4

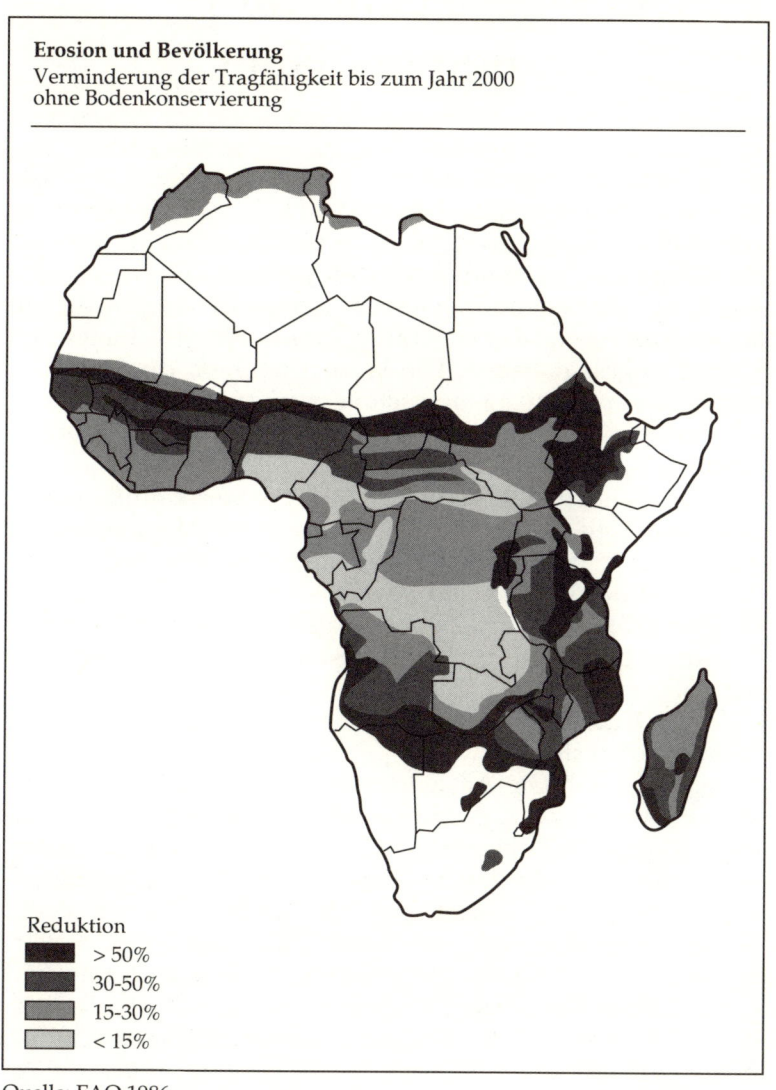

Erosion und Bevölkerung
Verminderung der Tragfähigkeit bis zum Jahr 2000
ohne Bodenkonservierung

Reduktion
- > 50%
- 30-50%
- 15-30%
- < 15%

Quelle: FAO 1986

7 Der Überlebenskampf der Frauen im Sahel[85]

Der Prozeß der Desertifikation erscheint den betroffenen Menschen irreversibel und hat ihr Leben bereits in hohem Ausmaß verändert. Wie meist in prekären Situationen am Rande des Existenzminimums sind auch im Sahel die Frauen die Hauptleidtragenden. Sie sind zugleich diejenigen, die mit schier übermenschlicher Kraftanstrengung dem Elend den Kampf angesagt haben. Die Frauen nehmen die Desertifikation als eine radikale und schmerzliche Veränderung ihrer Lebensumstände wahr, z.B. in der erheblichen Erschwerung ihrer täglichen Arbeitslast.

Sie wissen, daß sie in ihrem Überlebenskampf weitgehend auf sich selbst gestellt sind, da die Männer immer weniger ihre traditionellen Aufgaben erfüllen können. Die Aufgaben der Frauen sind gewachsen und ihre Verantwortung ist größer geworden, ohne daß sie gleichzeitig entsprechend an Einfluß und Handlungsmöglichkeiten gewonnen hätten.

Im Auftrag des Club du Sahel wurden Frauen in sechs Ländern über die Auswirkungen der Desertifikation auf ihr Leben befragt.[86] Die Antworten sind in verschiedener Hinsicht bemerkenswert. Nur zu einem Drittel betreffen sie ökologische Folgen, die übrigen beziehen sich auf sozioökonomische Veränderungen. Von allen Frauen wird die Erschwernis der Hausarbeit genannt, rangiert also an erster Stelle. Als nächstes folgt die Entwaldung und interessanterweise gleich häufig die zunehmende Bewußtwerdung und Organisation der Frauen. An fünfter und sechster Stelle werden die Abwanderung der Männer und – auf den ersten Blick überrraschend – die Erhöhung der Geburtenrate genannt. An neunter Stelle steht der Wassermangel und erst am Schluß die Hungersnot. Ganz klar sehen die Frauen die Umwandlung ihres gesamten Lebenszusammenhanges und nicht nur eine Verschlechterung der physischen Lebensbedingungen.

7.1 Produktion und Reproduktion in der 100-Stunden-Woche

Die sogenannte »Hausarbeit«, nämlich Wasserholen, Brennstoffsammeln, Beschaffen und Zubereiten der Nahrung, ist überall in Afrika ein hartes Tagwerk für die ländlichen Frauen, das ihre Zeit und ihre Kräfte extrem strapaziert. Unter den knappen Bedingungen in den semiariden Gegenden am Rande der Wüste waren diese Tätigkeiten schon immer sehr mühselig, und sie sind es noch mehr geworden. Die Wege zum Wasserholen und zur Holzsuche werden länger und zeitraubender. »Früher hätte man sich dafür nicht gebückt, heute meint man, das sei ein großes Stück Holz«, so eine alte Frau in Burkina Faso, die ein fingerdickes Stöckchen aufhebt.[87] Wo nicht genug Hirsestengel vorhanden sind, muß die Frau Ersatz suchen, z.B. Blätter und Früchte in einer Umgebung, in der Bäume selten geworden sind.

Je nach Jahreszeit kann die Entfernung zum Brunnen zehn Kilometer betragen, also 20 km Fußweg pro Tag in Hitze und Staub, nur um Wassergefäße zu füllen. Zum langen Weg kommen häufig noch Wartezeiten am Brunnen, Frauen brechen bei Nacht auf, um am Nachmittag zurück zu sein, ohne irgendeine ihrer anderen Aufgaben erledigt zu haben. Eine Frau aus dem Niger: »Statt unserer Häuser sind die Wasserstellen unsere Gebetsplätze geworden, denn dort verbringen wir einen großen Teil unseres Tages.«[88]

Mit Holzsammeln, Getreidemahlen, Kochen, Waschen und Versorgen der Kinder kommt da leicht ein Arbeitstag von 14 Stunden zusammen, die 100-Stunden-Woche. Und damit hat die Frau 'nur' die unsichtbare, nirgendwo auf der Welt beachtete oder gar bezahlte Arbeit für den Haushalt geleistet, aber noch keine ihrer vielen anderen Aufgaben erledigt, beispielsweise in der Landwirtschaft, und keinerlei monetäres Einkommen erwirtschaftet. Wasserknappheit, Brennstoffmangel – die jahrhundertealte Plackerei ist härter geworden, und zugleich sind die überkommenen Pflichten im Ackerbau, bei der Tierhaltung, im Kleinhandwerk und im Handel schwieriger und noch wichtiger für das Überleben geworden. Wo die Männer immer weniger zum Familieneinkommen beitragen können, müssen die Frauen versuchen, ihre produktive Rolle auszubauen, um die Subsistenz zu sichern und irgendwie an Geld zu kommen.

Das Land, das keine Herden mehr ernährt, ist auch in den zum Anbau genutzten Teilen spröde geworden und bringt wenig Ertrag. »Früher gab dein kleines Feld eine gute Ernte, auch wenn es nicht viel geregnet hat. Bäume und Gras ließen das Wasser versickern. Heute fließt das Wasser sofort ab und gräbt Rinnen, und du erntest nichts mehr [..]«, sagt die Präsidentin einer Frauengruppe in Burkina Faso.[89] Die Degradation der Böden bedeutet Landknappheit. Die Konkurrenz um Böden, aus denen überhaupt noch etwas herauszuholen ist, hat zugenommen, und dabei haben die Männer die besseren Zugriffsmöglichkeiten. Viele Frauen beklagen sich darüber, daß sie kein, zu wenig oder zu schlechtes Land haben; seit der Dürre ist der Zugang zu Land für sie ein Problem geworden. »Zuerst nimmt der Mann sein Feld [...], danach gibt er uns, was übrig bleibt«.[90]

Fast immer ist es erschöpftes Land, auf dem sich erschöpfte Frauen abmühen. Auch andere Nahrungsquellen, nämlich all das, was Bäume anbieten, sind knapp geworden. Wo fast kein gesunder Baum mehr steht, gibt es auch nichts zu ernten, auch keine Grundstoffe für traditionelle Heilmittel. »Die Bäume sind geizig geworden«, sagt eine malische Bäuerin[91] – Bäume, die die Frauen zuerst als Nahrungsspender und Medizinpflanzen sehen, dann erst als Feuerholzlieferanten. Zum Kochen wird inzwischen alles mögliche verwandt, Gestrüpp und Tierkot, der eigentlich Felder düngen sollte, teilweise mit von den Frauen als unangenehm empfundener Geruchsbelästigung bzw. Geschmacksbeeinträchtigung.

Auch das Rohmaterial zur Herstellung von Kleidung, Matten oder für den Häuserbau ist unter den Bedingungen der Desertifikation schwieriger zu beschaffen als früher: »Mit der Haut von fetten Tieren macht man schöne Kissen«, so drückt es eine alte Maurin aus.[92]

Knappe Ernährungsbasis, harte Arbeit, häufige Geburten, mangelhafte medizinische Versorgung – da überrascht es nicht, daß der Gesundheitszustand der Sahelfrauen häufig alarmierend schlecht ist.

Tabelle 4

Soziale Benachteiligung der Frauen in der Sahelzone			
Land	Mütter-sterblichkeit[1]	Alphabetisierung[2]	Schulbesuch[3]
Burkina Faso	810	27	56
Gambia	1'100	35	25
Mali	..	50	29
Mauretanien	..	40	27
Niger	420	35	42
Senegal	600	43	31
Tschad	860	37	33

[1]   1980-87, je 100'000 Lebendgeburten. Quelle: UNDP: Human Development Report 1991, Washington, D.C. 1991, Tabelle 12, S. 142 f.
[2]   1985, in Prozent des Durchschnitts der männlichen Alphabetisierungsrate (diese wurde = 100 gesetzt). Quelle: UNDP: Human Development Report 1991. Op.cit., Tabelle 10, S. 138 f.
[3]   1980, ebenfalls in Prozent der durchschnittlichen Werte der Männer (auch diese wurde = 100 gesetzt). Quelle: UNDP: Human Development Report 1991. Op.cit., Tabelle 10, S. 138 f.

Konkret heißt dies, daß in der Sahelzone die Müttersterblichkeit noch immer 100-200 mal höher liegt als z.B. in der Schweiz, und daß selbst angesichts der niedrigen allgemeinen Alphabetisierungsraten und der durchschnittlich wenigen Schuljahre, die die Menschen in den Sahelländern für ihre Ausbildung nutzen können, Frauen ganz erheblich schlechter abschneiden.

Ihre Energien werden überbeansprucht. Im Sahel ist Energiesparen vordringlich, und zuallererst muß diejenige der Frauen geschont werden.

7.2 Der Exodus der Männer

Die bevorrechtigte Stellung der Männer im patriarchalischen System wird, falls sie überhaupt jemand in Frage stellt, gewöhnlich damit gerechtfertigt, daß sie ja die Ernährer der Familie seien. Dies waren sie in Afrika nie allein, in den nördlichen, arabisch bestimmten Zonen des Sahel allerdings stärker als in den südlichen Teilen mit schwarzafrikanischer Bevölkerung und Tradition. Mit dem Niedergang des Viehbestandes in den letzten beiden Jahrzehnten, mit dem Rückgang der Erträge im Hirseanbau während der Dürre, sind die Männer immer weniger in der Lage, wesentlich zum Familienunterhalt beizutragen. Zu der schon lange vorhandenen saisonalen Migration kommt in vielen Gesellschaften nun eine langandauernde Abwanderung in die Küstenländer und -regionen; die Rückkehr der Männer ist nicht mehr vorhersehbar. Vielleicht verlangt es die »Ehre«, nicht zurückzukehren, bevor nicht eine bestimmte Menge Geld erspart ist oder viele Geschenke gekauft sind.

Insbesondere in den Wüstenrandgebieten des Sahel ist die durch die Not verursachte Abwesenheit der Männer eine von den Frauen sehr hart empfundene Erschwernis ihres Loses. Sie müssen versuchen, neben ihrer traditionellen Arbeit, die aufgrund der Dürre besonders mühselig geworden ist, zusätzliche Leistungen zu erbringen, z.B. die Bestellung der Felder für die Marktproduktion oder für die Eigenversorgung. Der Zwang, Geld zu beschaffen, ist da, denn auch wenn die Männer kein Geld schicken (können), müssen bestimmte Dinge bezahlt werden wie Steuern, Gebühren für Wasser und Gesundheitsversorgung und Dinge des täglichen Bedarfs wie Zucker, Salz, Tee, Streichhölzer, Seife oder Schulhefte.

Die Situation der zurückbleibenden Frauen ist sehr unterschiedlich je nach den verschiedenen Ethnien und der dort traditionell vorhandenen geschlechterspezifischen Arbeitsteilung. Besonders stark betroffen ist häufig die Minderheit der früher privilegierten Frauen. Eine adlige Songhai drückt es so aus: »Vor der Dürre kannte eine Adlige wie ich nicht einmal den Mörser. [...] Heute geht die Frau auf das Feld und sät wie ein Mann, und sie erntet nichts«.[93] Die hellhäutigen Maurinnen in Mauretanien waren traditionell von Arbeit praktisch befreit. Heute müssen sie immer mehr Arbeiten verrichten, für die sie schlecht vorbereitet sind und die sie zum Teil als entwürdigend empfinden.[94] Die auch früher schon außerhalb der Familie tätigen Frauen scheinen eher in der Lage, die Angebote von Hilfsprogrammen wahrzunehmen und allein Land zu bebauen. Ist es einer Frau schließlich gelungen, landwirtschaftliche Erträge zu erzielen, so kann sie meist nur in der Abwesenheit des Mannes darüber verfügen. Nach seiner Rückkehr gehört wieder ihm, was »*sein*« Feld abgeworfen hat. Mögen regionale und traditionelle Unterschiede auch groß sein, überall ist ein Teil der Männer kürzer oder länger abwesend – mit damit verbundenen einschneidenden Folgen für Wirtschafts- und Gesellschaftsgefüge.

7.3   Die Auflösung der Familienstrukturen

Die mit Alten und Kindern zurückgebliebenen Frauen empfinden sich als Verlassene und sehen ihre Familiensituation bedroht. »Die Tiere sind tot, und die Männer sind fortgegangen, um Arbeit zu suchen [...] wir, wir haben keine Wahl, wir sind die einzige Stütze der Familie, und wir müssen uns allein durchkämpfen«, sagt eine Frau in der mauretanischen Tagant-Region.[95] Einige jüngere Frauen beginnen, mit ihren Männern in die Küstenregionen abzuwandern und werden von den anderen, die unter der Arbeitslast und unter der Bevormundung durch die Alten leiden, glühend beneidet. Praktisch führen letztere das Leben von Witwen, ohne jedoch die Möglichkeit zum Neuanfang mit einem anderen Partner zu haben. Sie beklagen außerdem den »Ungehorsam« der Kinder, die ihre Autorität nicht anerkennen wollen und sich weigern, ihre überkommenen Pflichten zu erfüllen: »Heute können die Kinder fortgehen und dich zurücklassen.«[96] Die Abwesenheit der Männer und die Erfordernisse des Brautpreises führen dazu, daß viele Mädchen zu »alten Jungfern« oder unverheiratet schwanger werden. Früher undenkbar, gibt es heute 25-jährige unverheiratete Frauen; allein sind sie komische Figuren, mit Kind an den sozialen Rand geschoben.

Es ist sehr unsicher, wann die jungen Männer in der Fremde endlich genug für die Hochzeit erspart haben, daher verheiraten immer mehr Familien ihre Töchter als zweite oder dritte Frauen an ältere Männer, die wenigstens ein bescheidenes Brautgeld bezahlen können. Die Polygamie war in der Sahelregion schon immer erlaubt, aber relativ wenig praktiziert. Der Wunsch, den Mädchen lange Verlobungs- und Wartezeiten zu ersparen, hat zu ihrer Ausbreitung geführt.[97] Häufig sind solche Verbindungen nicht von Dauer. Die junge Frau kehrt nach einigen Jahren, vielleicht mit einem oder mehreren Kindern, zu ihren Eltern zurück.

Für europäische Augen überraschend, hat die Dürre keine Stagnation der Bevölkerungszahlen bewirkt, sondern im Gegenteil eine Erhöhung der Geburtenraten. Sie ist Folge der Auflösung der traditionellen Familienstrukturen, Ergebnis illegitimer Verbindungen, kürzerer Stillzeiten und der Mißachtung früher streng eingehaltener Tabus nach der Geburt eines Kindes.

Die rasche Geburtenfolge wird von vielen Frauen kritisiert, besonders die älteren verurteilen sie häufig scharf: »Kinder ohne die Mittel dazu bedeuten nur Tränen.«[98] Die alten Frauen fühlen sich durch die Beaufsichtigung der Kinder überlastet, und sie sehen die Geburtenhäufigkeit als einen Verfall der Sitten, als Folge der Zügellosigkeit der jüngeren Generation, die sie besonders den Männern vorwerfen. »Die Frau provoziert den Mann nicht [....], aber den Männern ist es egal, wenn die Frauen und Kinder leiden.«[99] Die jüngeren Frauen wagen aus Scheu vor den Männern solch eindeutige Aussagen weniger, aber der Wunsch nach selteneren

Schwangerschaften taucht in vielen Bildern und Aussprüchen auf. Auch in traditionellen Viehzüchtergesellschaften werden Kinder nicht mehr nur als ein Segen empfunden: »Die Kinder sehen die Dürre und kommen darauf in großer Zahl, um die Eltern leiden zu lassen [....] Kinder gibt es jetzt in Massen, sie sind wie die Fliegen.«[100]

Nach den von Marie Monimart gesammelten Zeugnissen scheinen die Frauen ein Interesse an weniger Geburten zu haben, während die Männer die Bestätigung ihrer Virilität aus einer zahlreichen Nachkommenschaft ziehen. Noch immer orientiert sich das generative Verhalten an den Prioritäten der Männer – ein Menschenrecht auf die Bestimmung der Größe der eigenen Familie existiert für die Frauen im Sahel nicht.

Folge der häufigen Geburten und der zu hohen Arbeitsbelastung ist auch die Vernachlässigung der traditionellen Erziehungsaufgabe. Die Mütter können das überlieferte Wissen früherer Generationen nicht weitergeben, gleichzeitig ist gerade für die Töchter häufig kein Schulbesuch möglich, da ihre Hilfe von den Müttern dringend gebraucht wird. Die Gefahr besteht, daß die nächste Frauengeneration so analphabetisch wie die ihrer Mütter sein wird, ohne jedoch deren jahrhundertealtes Überlebenswissen übernommen zu haben.

Für die Frauen im Sahel ist die Ehe keine Garantie für Sicherheit mehr, sie ist gefährdet durch Abwesenheiten, häufiger gewordene Scheidungen, Rivalitäten mit zweiten und weiteren Frauen; und vor allem bedeutet sie keine materielle Versorgung mehr. Trotzdem muß die Frau Ehe und Mutterschaft anstreben, denn ihr Status ist ein vom Mann bzw. von ihren *männlichen* Nachkommen abgeleiteter. Auch sie selbst definiert sich nur so. Eine alleinstehende Frau ist ein Nichts. Erst mit der Eheschließung hat sie die Hoffnung, einmal eine gesellschaftlich geachtete Stellung zu erwerben. Mit der Verheiratung unter den Bedingungen extremer Armut erhält die Frau viele schwer zu erfüllende Pflichten ohne die Beruhigung, versorgt zu sein.

7.4 Neue Selbständigkeit

Bei der oben zitierten Befragung nach den Folgen der fortschreitenden Desertifikation nannten die Frauen das Verschwinden der Bäume gleich häufig wie ihre neue Aktivität und Selbständigkeit. »Heute kann man nicht mehr einfach auf den Mann warten, der aufbricht und nicht zurückkehrt. Daher steht die Frau auf und überlegt, wie sie ihre Kinder ernähren und sich selbst durchbringen kann«, sagt eine mauretanische Frau.[101]

Spitteler beschreibt sehr eindrucksvoll das geduldige Warten der Tuaregfrauen im nigrischen Airgebirge, deren nomadisierende Männer Hirse und Kleider vom Zug mit den Kamelen ins Haussaland zurückbringen, wenn alles gut gegangen ist.[102] Sie harren aber nicht nur passiv aus – zum Beispiel ernähren sie die Kinder und die Ziegenherde über die Dürreperiode hinweg. Die schon immer von ihnen erbrachten Leistungen scheinen viele Frauen im Sahel kaum wahrzunehmen. Wohl aber sind sie stolz auf neu hinzugekommene Aufgaben. Mit neuen Pflichten haben sie ein neues Gefühl der Verantwortung und ein Vertrauen in die eigene Kraft gewonnen. Die alte geschlechterspezifische Arbeitsteilung gilt nicht mehr, in manchen Gegenden werden bereits vierzig und mehr Prozent der Haushalts- und Produktionseinheiten von Frauen geleitet. Allerdings wird die gestiegene Verantwortungsbereitschaft und Initiative der Frauen von den Männern nicht unbedingt honoriert, sondern mit Mißtrauen betrachtet. Das Konfliktpotential zwischen den Geschlechtern nimmt zu.[103]

Auf Dorfebene sind zahlreiche Zusammenschlüsse von Frauen entstanden, immer mit dem Ziel, das Überleben der Familien zu sichern, nirgendwo etwa mit dem Anspruch der Frauen, eigene Bedürfnisse zu befriedigen. Solche Frauengruppen sind auch Adressatinnen und Partnerinnen für die Durchführung von national oder international initiierten Programmen zur Bekämpfung der fortschreitenden Wüstenbildung oder zur Rückgewinnung bereits verlorener landwirtschaftlicher Flächen und zur Wiederanpflanzung von Bäumen und Sträuchern. Die erhöhte Aktivität der Frauen wird von Entwicklungsagenturen inzwischen erkannt und gern genutzt. Und die Frauen lassen sich einspannen für Gemeinschaftsarbeiten, weil sie gar keine andere Wahl haben in ihrem Versuch, das Überleben der von ihnen abhängigen Kinder und Alten zu sichern. Als Nebeneffekt gewinnen sie Selbstbewußtsein und Selbständigkeit – eine hoffentlich bleibende Neueinschätzung ihrer Rolle.

7.5 Der Kampf gegen die Wüste

In allen Sahelländern gibt es Programme zur Eindämmung der Wüstenbildung, viele davon unter der Schirmherrschaft des CILSS, des »Interstaatlichen Komitees zur Bekämpfung der Dürre im Sahel«. In einem von diesem Komitee herausgegebenen Sammelband werden 21 Projekte dokumentiert, viele davon auf Dorfebene; in einigen dieser Fallstudien wird auch die Rolle der Frauen bei den Versuchen der Desertifikationsbekämpfung anschaulich dargestellt.[104]

Beobachtungen aus den Projekten decken sich mit vielen sonstigen Berichten aus der Entwicklungszusammenarbeit: *Hochmotivierte Frauen führen Arbeiten durch, für die die Männer beraten werden.* Die hohe zusätzliche Arbeitsbelastung bringt häufig keinen unmittelbaren Nutzen für die Frauen.

In Burkina Faso z.B. leisteten Frauen wesentliche Hilfe bei Dammbauten zum Schutze der Männerfelder, indem sie Steine und Wasser schleppten. Bei Verbesserungsarbeiten für ihre eigenen Felder wurden sie jedoch von den Männern nicht unterstützt. Wo Frauen genauso für die Arbeiten ausgebildet werden wie die Männer, trägt dies zur Wirksamkeit der Maßnahme bei. Die Frauen sind stolz darauf und übersehen dann vielleicht sogar, daß sie viel für die Rehabilitation von Land tun, das sie anschließend gar nicht bebauen dürfen.

Feuerholzsparende Herde werden von ihnen besonders begrüßt, denn teilweise sind sie bereits gezwungen,

Brennstoff einzukaufen, wofür ihnen die Männer nach alter Rollenzuteilung kein Geld geben, selbst wenn sie es haben.[105]

Aus einem Projekt zur Wiedergewinnung von Ackerland durch Kleinstaudämme im Niger wird berichtet, daß den Familien, die die Arbeitskräfte für Bau- und Pflanzenarbeiten stellen, anschließend das neugewonnene Land zugeteilt wird. In vielen Fällen schickte die Großfamilie die Frauen zur Arbeit – aber das Land geht anschließend nicht an sie, sondern an das (männliche!) Familienoberhaupt. Ausnahme sind die wenigen Frauen, die als Haushaltsvorstände in eigenem Namen am Projekt teilnehmen. Für die anderen Frauen, die die Hauptarbeit geleistet haben, bleibt als Trost nur ein gemeinsamer Obstgarten und ein Gemüsefeld. Besorgt fragen sie sich, was im Fall einer Scheidung geschehen wird, ob sie mit ihrer Leistung irgendein Anrecht erworben haben.

Bei dem genannten Projekt wird die Arbeit zusätzlich direkt mit Nahrungsmitteln vergütet, was die Frauen sehr begrüßen, denn so sind sie sicher, daß sie und ihre Kinder davon profitieren, während bezahlte Arbeit von den Männern übernommen würde. Sie können sogar einen Teil der Nahrungsration verkaufen und damit etwas Geld erhalten, während ihre Männer beruhigt auf Arbeitssuche in die Stadt gehen können. Die Entlohnung in Nahrungsmitteln ist andererseits nicht unproblematisch, denn auch Kinder, schwangere und stillende Frauen beteiligen sich an schweren, für sie zu schweren Arbeiten, nur um etwas zu essen zu bekommen.[106]

Ein Baumpflanzungsprogramm in einer senegalesischen Region, die stark von der Abwanderung der Männer betroffen ist, war deshalb so erfolgreich, weil es ganz nach den Vorstellungen der Frauengruppen geplant wurde. Und zwar wurden überwiegend medizinisch nutzbare Bäume gepflanzt, auf ausdrücklichen Wunsch der Frauen, obwohl keine unmittelbare Verbesserung ihrer Lebensbedingungen damit verbunden war.[107] In vielen Fällen zeigte sich, daß die Frauen ganz andere Vorstellungen über die Auswahl der Bäume hatten als die Männer. Für sie kam Holzproduktion an letzter Stelle, während Nahrung, Tierfutter, medizinische Verwendung wichtiger waren. Wo immer die Partizipation der Frauen nicht nur zur Arbeitsleistung, sondern auch bei der Konzeption und Organisation der Maßnahmen sicherge- stellt war, trug dies erheblich zum Erfolg bei.

7.6 Forderung der Frauen

Ohne das Engagement der Frauen geht es nicht: Ent- wicklungsplaner und Organisatoren von Programmen zur Erhaltung der Umwelt im Sahel haben das erkannt, und sie setzen die Frauen gezielt ein. Die Gegenwart im Sahel ist gekennzeichnet durch die Überausbeutung der natürlichen Ressourcen – dies gilt auch für eine der wichtigsten: *die weibliche Arbeitskraft.*

Frauen haben an Selbstbewußtsein gewonnen, sie wol- len ihr Schicksal in die Hand nehmen. Dafür organisieren sie sich und mühen sich ab, ihre Lebensgrundlage zu schützen und zu erhalten. Und dabei laufen sie zugleich Gefahr, in- strumentalisiert zu werden, benutzt und ausgenutzt von Pla- nern und Experten, die ein Ziel erreichen wollen, ohne Rück- sicht auf die Interessen der Frauen, ohne Schonung ihrer Kräfte. Die Frauen im Sahel sollen an der Verwirklichung des Menschheitsrechtes auf eine intakte Umwelt mitarbeiten. Sie sind dazu nur allzu bereit, aber sie können es nur, wenn ihnen zuallererst die Menschenrechte der zweiten Dimension ga- rantiert werden: nämlich die wirtschaftliche Sicherung des Überlebens, der Zugang zu Einkommen, zu Information und Gesundheit.

Ganz konkret heißt das: Frauen brauchen Arbeitser- leichterungen, erreichbares Wasser und Feuerungsmaterial, brennholzsparende Herde, in manchen Gegenden Gaskocher und Gas. Sie brauchen Getreidemühlen, ausreichend Nah- rung und daher Land. Wo sie öffentliche Arbeiten verrichten, müssen sie angemessen entlohnt werden, in Naturalien oder in Geld. Ein Geldeinkommen, und sei es noch so bescheiden, ist inzwischen eine Überlebensnotwendigkeit geworden,

Frauen müssen es erwerben können. Sie brauchen Wissen, die Möglichkeit zusammenzukommen, sich auszutauschen, sich zu organisieren. Mütter brauchen so viel Zeit, daß sie ihre Töchter in die Schule schicken und ihnen außerdem ihr traditionelles Wissen weitergeben können. Sie brauchen Pausen, um sich zu regenerieren, Pausen in der täglichen Plackerei, Pausen beim Kinderkriegen. Sie haben ein Anrecht auf eine Familie, aber auch darauf, deren Größe zu bestimmen.

Die Forderungen, die die Frauen im Sahel stellen müssen, wenn auch für sie die Menschenrechte gelten sollen, sind bescheiden genug. Weniger aus Überlegungen der Gerechtigkeit – eher aus solchen der Effizienz – dürften manche ihrer Forderungen erfüllt werden.[108] Frauen haben aber ein eigenständiges Recht auf die Befriedigung ihrer Grundbedürfnisse (die immer auch die der Kinder sind), nicht nur ein aus der Absicht abgeleitetes, aus ihnen möglichst viel Leistung herauszuholen.

Das bedeutet unter anderem echte Partizipation bei der Konzeption und Auswahl von Maßnahmen der Desertifikationsbekämpfung, nicht nur die pro-forma-Legitimierung längst beschlossener Pläne – und es bedeutet vor allem die Beteiligung der Frauen an den Früchten ihrer Arbeit! Bei frühzeitiger Einbeziehung der Hauptbetroffenen stellt sich heraus, daß sie wissen, was wichtig ist, und das muß längst nicht das sein, was Ausländern und Beamten aus der Hauptstadt evident erscheint.

In einer patriarchalisch organisierten Welt, in der die Zukunft technisch planbar und technokratisch machbar erscheint, in der Frauen nur in Funktion zum Mann definiert werden, ist es für sie schwer, ihre Forderungen zu formulieren und durchzusetzen. Die schwere Dürrekrise hat verlorengegangene kreative Energien bei den Frauen geweckt und freigesetzt. Dazu gehört auch die Rückbesinnung auf das vergessene Wissen früherer Generationen, auf ein Leben in und mit der natürlichen Umwelt. Trotz aller Belastungen bedeutet die Desertifikation zugleich eine Chance für Frauen, die an ihren Aufgaben wachsen und Selbstvertrauen gewin-

nen. Wurden ihnen bisher im günstigsten Fall die Menschenrechte der ersten Dimension zugestanden, so schließen sich
viele von ihnen heute zusammen, um gleichzeitig die Rechte
der zweiten Dimension und das Menschheitsrecht auf den
Schutz der Umwelt einzufordern – und an der Realisierung
dieses Anspruchs zu arbeiten.

8 Eine tragfähige Entwicklung: »sustainable development«

Wie bei allen großen Problemen der Menschheit gab es auch im Zusammenhang mit der Umweltzerstörung auf unserem Planeten schon früh kompetente Warnungen seriöser Wissenschaftler, die jedoch – mangels angemessenen Zeitgeistes – ungehört verhallten.[109] Doch spätestens seit 1972, dem Jahr der Veröffentlichung des ersten Berichtes des Club of Rome zur Lage der Menschheit (»Die Grenzen des Wachstums«[110]) und des zwei Jahre später erschienenen zweiten Berichtes »Menschheit am Wendepunkt«[111] ist auch für ein breiteres Publikum offensichtlich, daß die Ressourcen unserer Erde nicht für alle und für alle Zeit ausreichen, wenn es nicht zu einem vernünftigeren Konsummuster kommt. Auch im Bericht »Global 2000«[112] an den ehemaligen US-Präsidenten Carter aus dem Jahre 1981 steht letztlich nicht viel anderes als in den Berichten des Club of Rome – und ebenfalls als im sogenannten Brundtland-Bericht[113] von 1987, der den heutigen Tenor der Diskussion prägt.

Der Kampf gegen die Desertifikation ist zwar lediglich ein relativ kleiner Aspekt der Bemühungen um eine zukunftsfähige Entwicklung, für die Länder des Sahel jedoch ein zentraler. Im Laufe der siebziger und frühen achtziger Jahre gab es zahlreiche überstaatliche Bemühungen im Kampf gegen die Desertifikation – sie blieben meist erfolglos oder verliefen (buchstäblich!) im Sande. Inzwischen geht man mit diesem Problem anders um.

Während früher das Schwergewicht vor allem auf staatlichen Interventionen lag, wird heute eine dezentralisierte Politik vorgezogen, d.h. ein Großteil der Verantwortung für einen schonenden Umgang mit natürlichen Ressourcen wird an deren Benutzer abgetreten. Das Konzept der *tragfähigen Entwicklung* (englisch: *sustainable development*) verbindet zwei anspruchsvolle Anliegen, nämlich den gegenwärtigen Bedarf zu decken, ohne gleichzeitig späteren Generationen die Möglichkeiten zur Deckung des ihren zu verbauen. Für die Menschen im Sahel heißt dies, ihre landwirtschaftliche Produktion zu steigern *und* die natürliche Ressourcenbasis zu erhalten, damit auch künftige in dieser Region lebende Generationen ihre Bedürfnisse befriedigen können.

Das Muster der zentralen staatlichen Ressourcenkontrolle stammt noch aus der Kolonialzeit. In der ersten Hälfte dieses Jahrhunderts versuchten die französischen Kolonialbehörden, die Waldvorräte der Region zu schützen und zu regenerieren, vornehmlich in der Absicht, die Exporte und Staatseinnahmen zu erhöhen. Im Jahre 1904 stellte man einen Forst-Kodex auf, der nach dem in Frankreich praktizierten System die Befugnis zur natürlichen Ressourcenverwaltung dem Staat zusprach. Die Nutzung der bewaldeten Gebiete wurde streng kontrolliert, und dem unautorisierten Abholzen wertvoller Baumarten wurden gesetzliche Riegel vorgeschoben. Der Forst-Kodex wurde 1935 revidiert, denn den Waldgebieten drohte zunehmender Druck durch den Bedarf an landwirtschaftlichen Nutzflächen und durch die Herden nomadisierender Hirten. So wurde der Forstdienst ermächtigt, Land zu enteignen und Wälder zu verstaatlichen, um die Ausdehnung der Landwirtschaft zu verhindern. Jedoch gab man den Bauern die Erlaubnis, sich mit Produkten des Waldes zu versorgen, unter der Bedingung, daß sie keine zerstörerischen Erntetechniken anwandten.

Während der letzten Jahre der Kolonialzeit vergrößerten die Behörden den Forstdienst und intensivierten die Forschung zur Verbesserung der Forstwirtschaft. Noch immer hatte man dagegen zu kämpfen, daß sich kommerzielle Landwirtschaft in Waldgebiete und auf marginale Böden ausdehnte. Mitte der fünfziger Jahre schufen die Kolonialbehörden im Senegal, wo man sich weiterhin auf eine zentrale Kontrolle der Bodennutzung verließ, eine »Wald- und Weidezone«, um dem Vordringen des für die Böden strapaziösen Erdnuß-

Anbaus Einhalt zu gebieten. Die Aufgabe des Forstdienstes bestand eher darin, die Zone zu schützen als sie zu entwikkeln. Die Bauern, die sich nicht an die Beschränkung der Bodennutzung in der Zone hielten, wurden bestraft. Gleichzeitig bereitete den Kolonialbehörden angesichts des zunehmenden Bevölkerungsdrucks die Degradierung der Böden immer größere Sorgen. Sie testeten einige in den Vereinigten Staaten entwickelte Methoden, um zumindest die Ausweitung der Erosion zum Stillstand zu bringen. Dazu gehörte der Bau von Wasserauffangbecken, das Anlegen von Dämmen und Furchen sowie Zwischenfruchtanbau zur Erhaltung der Bodenfruchtbarkeit. Allerdings erwiesen sich diese Bemühungen als nicht allzu erfolgreich, sie wurden nie im großen Stil in die Tat umgesetzt.

Dies lag zu einem wesentlichen Teil daran, daß das entwicklungspolitisch unverzichtbare Prinzip der »*community participation*«, d.h. des Einbezugs der Betroffenen in die Analyse des Problems, in die Diskussion und Entscheidung von Lösungsansätzen und schließlich in die Durchführung der im Konsens entschiedenen Maßnahmen, nicht praktiziert wurde.

Die ersten Jahre nach der Kolonialzeit gehörten zu einer fünfzehnjährigen unproblematischen Wetterperiode, in der es relativ reichlich und gut verteilt regnete. Sie endete mit der großen Dürre der Jahre 1968-1973. Die Dürre setzte zu einer Zeit ein, als die traditionellen Beziehungen zwischen den seßhaften Bevölkerungen und den Wanderhirten schon nicht mehr funktionierten und die Mobilität der Tiere und Menschen durch die verschiedensten politischen und sozialen Maßnahmen beeinträchtigt worden war. Weder die Regierungen noch die Menschen im ländlichen Raum der Sahelzone waren auf die Dürrekatastrophe vorbereitet. Das massive Elend, die riesigen Verluste an Menschenleben und das Sterben ganzer Tierpopulationen rückten die Sahelzone – allerdings erst mehr als vier Jahre nach Beginn der Dürre[114] – ins Scheinwerferlicht internationaler Aufmerksamkeit. Die in den folgenden Jahren angelaufene internationale Hilfe – auch

94

Nahrungsmittelhilfe – stieg kontinuierlich, so daß die Sahelzone zu einer der begünstigsten Regionen der Welt wurde.
Die Länder der Sahelzone gründeten 1973 das »Interstaat-
liche Komitee zur Bekämpfung der Dürre im Sahel« (CILSS);
im Jahre 1977 erarbeiteten der Club du Sahel und das CILSS
eine gemeinsame Strategie zur Entwicklung der Sahelzone.
Besonderes Schwergewicht der Strategie lag auf der Steigerung der landwirtschaftlichen Produktion kommerziell nutzbarer Kulturen in den feuchten Regionen, vor allem Baumwolle und Erdnüsse. Es ging auch um erhöhte Investitionen
für Bewässerungsysteme. Die landwirtschaftliche Entwicklung sollte durch »Notstandsgebiet-Projekte« gefördert werden, die darauf abzielten, die Infrastruktur bestimmter Regionen zu verbessern und Kredite zur Verfügung zu stellen,
damit die Bauern die notwendigen Anschaffungen machen
und so ihre Produktivität steigern konnten. Außerdem wurden Projekte für die Viehwirtschaft ausgearbeitet, wobei es
darum ging, die nomadisierenden Hirten dadurch seßhaft zu
machen, daß man großflächige Einheiten um Wasserstellen
herum abzäunte und ein Absatzprogramm für verkaufsreifes
Vieh aufstellte. Mit diesem Absatzprogramm wollte man den
Viehverkauf fördern, um damit einen Beitrag gegen das
Überweiden der Böden zu leisten.

Im Forstsektor waren die größten Investitionen vorge-
sehen, da das Ausmaß der Zerstörung von Waldbeständen
Anlaß zu besonderer Sorge gab. Die Bedeutung des Forst-
sektors für den Bedarf an Brenn- und Bauholz sowie für die
Stabilität der Umwelt und insbesondere die vielfältigen Vorteile einer ausgewogenen Agro-Forstwirtschaft wurden in
der Zwischenzeit allgemein anerkannt.[115]

Größten Nachdruck legte die CILSS-Strategie auf den
Schutz bestehender Wälder, aber auch auf die Entwicklung
staatlich kontrollierter Anpflanzungen von importierten
Arten (meist Eukalyptus). Die im Rahmen dieser Strategie
durchgeführten Maßnahmen machten eine wesentliche Erhöhung externer Finanzhilfe erforderlich. Angesichts der
immensen Probleme wurde sie denn auch geleistet.

Im Jahre 1971 betrug die Entwicklungshilfe an die Sahelländer noch 196,5 Millionen US Dollar. In den Jahren 1975 bis 1986 wurden die Mittel der Entwicklungszusammenarbeit für die Sahelländer mehr als verdreifacht und stiegen von 600 Millionen auf über 2,0 Milliarden Dollar an, im Jahre 1989 waren es über 2,2 Milliarden.[116]

Die Ergebnisse waren jedoch enttäuschend. Die meisten der in den achtziger Jahren angestellten Evaluationen kamen zum Schluß, daß die über 12 Milliarden Dollar, die in der Zeit von 1975-1983 zur Verfügung gestellt worden waren, wenig bewirkt hatten. Die meisten Geberländer unterstützten Projekte der Bewässerungs-Landwirtschaft, die nur 5 Prozent der Sahel-Landwirtschaft ausmachen, und nicht solche des für den Sahel typischen Trockenfeldbaus, durch den 95 Prozent aller Nahrungsmittelgetreide produziert werden.[117]

Umweltrelevante Projekte und solche der Aufforstung fanden ebenfalls kaum Unterstützung. Die Programme zur Entwicklung und Verbreitung geeigneter neuer Technologien für die vom Regen abhängige Sahel-Landwirtschaft fanden nicht die erforderliche Akzeptanz bei der ländlichen Bevölkerung, um sich gegen die traditionellen Arbeitsmittel und Methoden durchzusetzen. Bewässerungsprojekte liefen nur langsam an und erwiesen sich als kostspielig. Programme zur Vieh- und Weidenbewirtschaftung wiesen gegenüber bestehenden Systemen nur geringe Verbesserungen auf. Trotz der offiziell zugestandenen großen Bedeutung der Umweltprobleme und insbesondere der kritischen Lage der Brennholzressourcen waren die Investitionen für adäquate Lösungen gering, und wo etwas unternommen wurde, waren die Kosten hoch und der Erfolg bescheiden.[118]

Alle Untersuchungen über die Ursachen dieser Misere kamen zum Schluß, daß die internationale Gemeinschaft der Geber von unrealistischen Voraussetzungen und Zielen ausging. Es zeigte sich rasch, daß Erfahrungen aus anderen Regionen und Entwicklungsmodelle anderer Länder nicht einfach »importiert« werden konnten. Immerhin lernte man aus diesen Fehlschlägen, daß es kein Patentrezept für eine tragfähige Entwicklung gibt, sondern daß es unterschiedlicher, von Fall zu Fall maßgeschneiderter Ansätze bedarf.

Die Veränderungen im entwicklungspolitischen Denken seit den sechziger und siebziger Jahren lassen sich gut am Beispiel der Agro-Forstwirtschaft (»agro-forestry«) darlegen. In der Kolonialzeit und der frühen postkolonialen Periode lag der Akzent auf zentral gelenkter staatlicher Kontrolle der Wälder und auf einem beschränkten Zugang zu den Waldgebieten. Die Entwicklungsbemühungen konzentrierten sich auf die Errichtung staatlich kontrollierter Anpflanzungen, um die Lieferung von Brennholz und Baumaterial zu erhöhen und den Boden zu stabilisieren. Die Kosten für diese Art der Intervention schnellten empor, und die durch die Entfernung der natürlichen Vegetation entgangenen Gewinne erwiesen sich als wesentlich höher als zuvor angenommen. Außerdem gab es schwerwiegende Organisationsprobleme: Zu den fehlenden Finanzen zur Deckung der laufenden Kosten kam das Unvermögen der lokalen Forstwirtschaft, ein angemessenes Produktionsniveau zu erreichen und aufrechtzuerhalten.[119]

Ergebnis dieser leistungsschwachen Anpflanzungen war ein Wechsel hin zum »bäuerlichen Waldland«, vor allem zur Zersplitterung in dörfliche Waldparzellen. Auch dieses Experiment war enttäuschend, denn die verstreuten Waldparzellen machten eine laufende Überwachung und Instandhaltung kostspielig. Zudem erwiesen sich kommunale Anpflanzungsbemühungen – unter der Aufsicht des Forstdienstes – als nicht eben erfolgreich, weil es Probleme mit der Verteilung und der Pflege der Sämlinge gab. Die Methode der Blockanpflanzung, wie sie in vielen dieser Projekte betrieben wurde, stieß ebenfalls auf Akzeptanzprobleme, da sie sich von den allgemein üblichen Gewohnheiten der Bodennutzung sehr unterschied.

Die Erfolglosigkeit solcher Bemühungen hat zu einem größeren Engagement für den Einbezug der Betroffenen in alle Aspekte der landwirtschaftlichen Entwicklung geführt. So lernte man beispielsweise aus der Auswertung früherer

Waldprojekte, daß die lokale Bauernschaft von der Schaffung dörflicher Waldparzellen viel weniger begeistert war, als man erwartet hatte. Die Ergebnisse der Studie legen nahe, daß dies zumindest teilweise auf die historische Unbeliebtheit der Forstdienststellen im Sahel zurückzuführen war, aber auch auf das Fehlen einer angemessenen ländlichen Reform und einer entsprechenden Gesetzgebung, *bevor* die bäuerlichen Waldprogramme lanciert wurden. Eine weitere Schwachstelle der Projekte war, daß sie von oben nach unten statt von unten nach oben entworfen und durchgeführt wurden.[120]

Ferner konnte man eine Lehre aus den kostspieligen Anpflanzungen mit importierten Arten ziehen: Die im Sahel heimische Akazienart *Acacia albida* wird heute im Rahmen der Agro-Forstwirtschaft als sehr bedeutsam betrachtet[121], da sie besondere Vorteile bietet. Sie wächst auf den leichten, sandigen Böden der Region und verliert in der Regenzeit ihre Blätter, so daß das Sonnenlicht die unter den Bäumen angepflanzten Kulturen erreichen kann. Die Blätter sind reich an Stickstoff und haben daher einen düngenden Effekt, und auch die mit dem Wurzelgeflecht verbundenen Bakterien erhöhen den Stickstoffgehalt der Böden. Schließlich ist das Holz als Brennstoff nutzbar. Andere Untersuchungen zeigen, daß die Wechselwirkung zwischen dem Anpflanzen von Bäumen und der Produktion von Feldfrüchten auch die Ausbreitung der Erosion begrenzt.[122]

Der heutige Trend der Agro-Forstwirtschaft paßt eher in das Konzept einer nachhaltigen, »tragfähigen Entwicklung«. Vertraut man neueren Untersuchungen, so bringt die heutige Form der Land- und Forstwirtschaft angemessene Erträge ein, auch nachdem die Kosten für die Umweltbelange miteinbezogen wurden.[123] Im Niger hatte das Anpflanzen von Schutzhecken zu einer Produktionssteigerung bei Getreide von mehr als 20 Prozent geführt; ein Kilometer Hecke genügte, um den jährlichen Holzbedarf von 250 Menschen zu dekken. In anderen Ländern wurden zwischen Leucaena-Hecken Mais gepflanzt, da die Blätter dieses Strauches die Wirkung von anorganischem Dünger steigern.[124]

Die Suche nach alternativen Wegen zu einer »tragfähigen Entwicklung« und die Erkenntnis, daß es dazu eines breiten Einbezugs der lokalen Bevölkerung bedarf, haben zu einem erheblichen Interesse an der Arbeit nichtstaatlicher Organisationen (NGOs) geführt. Ihr Erfolg und die Art ihres Vorgehens wurde eindrücklich in einem Bericht an den Club of Rome dargelegt.[125]

Die Zahl internationaler und nationaler nichtstaatlicher Organisationen im Sahel ist groß – allein aus den USA kommen mehr als 200.[126] Die Vorteile der meisten NGOs sind darin zu sehen, daß sie bei ihrer Arbeit von der Basis der Bevölkerung – den »Graswurzeln« – ausgehen und flexibel genug sind, unorthodoxen Ansätzen eine Chance zu geben. Die Fähigkeit der NGOs, die lokalen Bedürfnisse herauszuspüren, den Menschen zuzuhören und ihre traditionellen Kenntnisse ernst zu nehmen, sowie die betroffenen Menschen als integre Subjekte der Entwicklung miteinzubeziehen und sie nicht als Objekte zu verplanen, führte zu einer außerordentlich hohen Erfolgsrate von Entwicklungsbemühungen an der Gesellschaftsbasis. Als zusätzlich – überwiegend, nicht ausschließlich – positives Element wirkt, daß NGOs weniger bürokratisch sind. Schließlich sind sie in geringerem Maße durch das Mißtrauen belastet, das viele Menschen im ländlichen Raum von Entwicklungsländern den Aktivitäten der Regierungen und ihren Behörden entgegenbringen.

Natürlich geben auch NGOs Anlaß zu Kritik, wenn sie z.B. so eifersüchtig über ihre Unabhängigkeit wachen, daß sie eine Zusammenarbeit und Abstimmung mit anderen im Projektgebiet arbeitenden Organisationen verweigern oder – zwar mit viel gutem Willen, jedoch ohne hinreichende Professionalität (z.B. im organisatorischen oder technischen Bereich) – arbeiten.[127] Diese Nachteile werden jedoch vom Club of Rome in Abwägung aller Faktoren als eher unbedeutend bewertet.

Der Club du Sahel hat 1988 eine Übersicht über acht größere Projekte nichtstaatlicher Organisationen in fünf Ländern der Sahelzone zusammengestellt, die eine »tragfähige

Entwicklung« fördern sollen.[128] Diese Projekte sind in Tabelle 5 aufgeführt und werden im Hinblick auf angewandte Technologien und deren Auswirkungen auf die Produktion und die Erhaltung der Ressourcenbasis beschrieben. Die Ergebnisse dieser Projekte erhellen das Potential für die Entwicklung tragfähiger Systeme, zeigen aber auch die Begrenztheit des durch die Projekte bewirkten Wandels auf.

Alle durch diese Projekte eingeführten Technologien waren kostengünstig, und alle hatten auf die eine oder andere Weise vorteilhafte Auswirkungen für die Betroffenen. Zum Beispiel erwies sich das durch OXFAM in Burkina Faso geförderte einfache Anlegen horizontaler Steinfurchen, um das Wasser zurückzuhalten, als leistungsfähig und ressourcenerhaltend. Dieser Erfolg ist umso erfreulicher als frühere staatliche Bemühungen, anspruchsvollere Techniken zur Erhaltung der Wasservorkommen zu entwickeln, sich als kostspielige Fehlschläge erwiesen. So wurde z.B. versucht, durch den Bau von Dämmen und Gräben die Bodenerosion zu bekämpfen. In Wirklichkeit führte diese Intervention jedoch zu einer beschleunigten Bodenerosion, da die durch die Behörden gebauten Dammkonstruktionen so schlecht unterhalten wurden, daß sie einbrachen, und der Boden weggeschwemmt wurde. Die NGO-Projekte hingegen sahen eine einfache und billige Konstruktion vor, die von den lokalen Menschen selbst gebaut und unterhalten werden konnte, wodurch sie obendrein noch finanziell profitierten.

Die Fallstudien der NGO-Arbeit belegen die ökologische Nachhaltigkeit der durchgeführten Projekte. Allerdings sollten auch diese Projekte nicht als allgemeingültiges Patentrezept zu einer verbesserten Ressourcennutzung verstanden werden. Da die NGO-Projekte üblicherweise von freiwilligen Beiträgen ihrer Mitglieder abhängen, und sich deren Interessen im Laufe der Zeit ändern können, besteht keine Gewähr für die Fortsetzung der Projekte.

In ähnlicher Weise macht man sich berechtigte Gedanken über das politische Umfeld, innerhalb dessen die NGOs operieren können. Die meisten NGOs arbeiten innerhalb ge-

gebener politischer Rahmenbedingungen – sie haben kaum eine andere Wahl. Infolgedessen haben sie keine Möglichkeiten zur politischen Einflußnahme in bezug auf wichtige entwicklungspolitische Fragen wie z.B. Finanzpolitik, Pachtsysteme, Besitz- und Nutzungsrechte sowie finanzielle Leistungen zur ländlichen Entwicklung.

Nachhaltige, weil ökologisch und sozial verträgliche Entwicklungspolitik, kann letztlich nur in *Zusammenarbeit* mit dem Staat, dem privaten Sektor und den NGOs effizient gestaltet werden. Ein solcher Ansatz erfordert einen angemessenen politischen Rahmen, der durch alle Regierungsinstrumente (gesetzliche, steuerliche und andere) die schonende Ressourcennutzung anregt und unterstützt. Beispiele dafür wären steuerpolitische Maßnahmen, die vor dem Abholzen abschrecken und gleichzeitig einen Anreiz zur Wiederaufforstung geben. Auch das Gewähren von Sicherheiten auf Grundbesitz und günstige Darlehen könnten Bestandteil ressourcenschonender Landwirtschaftspolitik sein.

Angesichts der Gewißheit, daß Dürreperioden im Sahel ein chronisches Phänomen sind, wären auch Maßnahmen der Risikominimierung für die Menschen der Region erforderlich. Hier stünde eine Mehrung des Wissens über die Wasserressourcen der Region im Vordergrund sowie breit angelegte technische Programme zur Wassergewinnung und Speicherung. Hilfreich wäre es auch, der Land- und Forstwirtschaft und speziell den Aufforstungsprogrammen sowie der Entwicklung alternativen Brennmaterials ein größeres politisches Gewicht zu verleihen. Vieles deutet darauf hin, daß sich eine Reduktion des (zu) hohen Viehbestandes nicht vermeiden läßt, und auch der Zugang der Herden zu Weideland besser kontrolliert werden muß.

Maßnahmen dieser Art trügen dazu bei, daß sich die Vegetationsschicht und die geschädigten Böden erholen. Eine verstärkte Forschungszusammenarbeit internationaler und einheimischer Institutionen mit dem Ziel der beschleunigten Entwicklung angepaßter Technologien zur intensiveren, aber dennoch ressourcenschonenden Bodennutzung in den semi-

Tabelle 5

Umweltschützende Technologien und ihre Auswirkungen		
Technologie	Reduktion von Risiken	Auswirkungen auf die Produktion
horizontale Stein-furchen	• bessere Wasserzu-zufuhr	• bessere Erträge • verbesserte Dünge-effizienz
Bodenerhaltung	• Schutz des natür-lichen Ertragspoten-tials der Böden	• Sicherung der Erträge
Schutz natürlicher Wälder	• Ressourcenerhaltung • definierte Benutzer-rechte	• langfristige Erhal-tung der Holz-und Grasressourcen
Windschutz	• reduzierte Wasser-verdunstung	• Verminderter Ar-beitsaufwand bei der Holzproduktion
Dünenstabilisierung	• Schutz landwirtschaftlich nutzbarer Böden	• Nachhaltige Sicherung der land-wirtsch. Produktion
Agro-Forstwirtschaft	• Schutz der Feld-früchte vor Vieh-herden	• höhere Erträge durch den erzielten Schutz • höhere Erträge durch zusätzliche Holz-wirtschaft
Weidenbewirt-schaftung	• gesicherte Verfüg-barkeit von Vieh-futter	• verbesserte Vieh-wirtschaft

Quelle: Club du Sahel: Ecology and Rural Development in Sub-Saharan Africa: Selected Case Studies. Paris 1988.

Ressourcenerhaltende Wirkungen	Potential für nachhaltigen Wandel	Engpässe für die Ausweitung der Maßnahmen[1]
• verminderte Erosion durch Wasser	• intensivierter Anbau ist möglich	• Bodenfruchtbarkeit • *Arbeitsaufwand*
• geringere Erosion durch Wasser	• geringere Erosion erlaubt Intensivierung der Landwirtschaft	• begrenzte wirtsch. Anreize • *Arbeitsaufwand*
• Erholung der Vegetation • verminderte Erosion durch bessere Bodenbedeckung	• Modell für Ressourcen-Management • fördert Intensivierung der Viehzucht	• Organisation • Märkte • *Politik*
• reduzierte Erosion durch Wind • laubwerfende Bäume begünstigen Bodenfruchtbarkeit	• reduzierte Erosion erlaubt intensivierte Landwirtschaft	• Politik • *Arbeitsaufwand* • Schutz junger Bäume
• Erholung der Vegetation auf Dünen		• *Schutz junger Bäume* • *Arbeitsaufwand* • *Organisation*
• laubwerfende Bäume begünstigen Bodenfruchtbarkeit	• Intensivierung der Landwirtschaft	• *Einzäunungskosten*
• Wiederherstellung der Vegetationsschicht auf den bewirtschafteten Weiden	• Annahme des Modells setzt Änderung des Systems für diese Zone voraus.	• *Tierkrankheiten* • Markt für Vieh • *Einzäunungskosten* • *Politik*

[1] *Kursiv* gedruckter Text = Teilweise gelöste Probleme.

ariden Gebieten ist ebenfalls unerläßlich, wenn es in absehbarer Zeit zu diesbezüglichen, dringend erforderlichen Ergebnissen kommen soll. Dazu gehört notwendigerweise die Entwicklung von Nahrungsmittel- und Futterpflanzen, die gegen die Trockenheit widerstandsfähig sind. Schließlich bedarf es – das zeigen alle früheren Erfahrungen – einer Dezentralisierung und einer breiteren Einbeziehung der betroffenen Gesellschaften in alle Aspekte einer nachhaltigen ländlichen und landwirtschaftlichen Entwicklung.

Die Veränderung der gesellschaftlichen Rahmenbedingungen zu Gunsten der Frauen, das Herstellen von Chancengleichheit im beruflichen und gesellschaftlichen Umfeld und damit das Schaffen der Voraussetzungen, daß Frauen integraler Bestandteil werden und nicht länger bloß Mittel zum Zweck des Entwicklungsprozesses sind, muß Teil aller entwicklungspolitischen Bemühungen werden, sonst sind nachhaltige Verbesserungen weder in sozialer und wirtschaftlicher, noch in ökologischer Hinsicht zu erwarten.

Anmerkungen zu Teil I

1 Economic Commission for Africa: ECA and Africa's Development 1983-2008. Addis Abeba 1983.
2 Zahlen aus: Population Reference Bureau: 1991 World Population Data Sheet. Washington, D.C. 1991.
3 Siehe zur allgemeinen Bevölkerungsproblematik und zu den Voraussetzungen für sinkende Geburtenraten: Leisinger K.M.: Hoffnung als Prinzip. Bevölkerungswachstum: Einblicke und Ausblikke. Erscheint bei Birkhäuser Verlag, Basel/Boston/Berlin, Herbst 1992.
4 Vgl. Weltbank: Weltentwicklungsbericht 1991. Washington, D.C. 1991, Tabelle 26, S. 296 f.
5 Solche Prognosen gehen davon aus, daß es nicht zu unvorhersehbaren Katastrophen (wie z.B. einer unbegrenzten Ausbreitung von AIDS) kommt, die die Sterberaten signifikant verändern würden.
6 Vgl. Yudelman M.: The Sahel and the Environment. The Problem of the Desertification. Erschienen als Leisinger, K.M./Trappe, P. (Hrsg.): Social Strategies Forschungsberichte, Vol. 4, Nr. 1, Basel 1991, S. 10.
7 Siehe Weltbank: Weltentwicklungsbericht 1991. Op. cit., Tabelle 3, S. 250.
8 Vgl. z.B. OECD: The Sahel Facing the Future. Increasing Dependence or Structural Transformation. Futures Study of the Sahel Countries 1985-2010. Paris 1988.
9 Siehe dazu OECD/CILSS/Club du Sahel: Development of Rainfed Agriculture in the Sahel. Overview and Prospects. Paris 1983.
10 Vgl. Weltbank: Weltentwicklungsbericht 1991. Op. cit., Tabelle 31, S. 306.
11 Siehe UNDP: Human Development Report 1991. New York 1991.
12 Siehe UNDP: Human Development Report 1991. New York 1991, S. 145.
13 Vgl. FAO: Production Yearbook 1990, Vol. 44, Rom 1991. Ebenso FAO: Food Outlook, No. 3, Rom, März 1991, S. 9.
14 Siehe Giri J.: Rétrospective de l' économie Sahelienne. OECD (Hrsg.), Paris 1984, S. 10.
15 Siehe dazu z.B. Sasson A.: Effects of climatic variation on production. In: Sasson A.: Feeding tomorrow's world. Sextant Series No. 3, UNESCO/CTA, Paris 1990, S. 235 ff., besonders S. 272.
16 Siehe dazu FAO: Production Yearbook 1990, Vol. 44, Rom 1991.
17 Für eine ausführliche Diskussion des Klimas der Tropen und Subtropen siehe Lauer W.: Das Klima der Tropen und Subtropen. In:

Rehm S. (Hrsg.): Handbuch der Landwirtschaft und Ernährung in den Entwicklungsländern. Band 3: »Grundlagen des Pflanzenbaues in den Tropen und Subtropen«. Verlag Eugen Ulmer, Stuttgart 1986, S. 15-45.

18 Gebräuchliche englische Abkürzung für »innertropische Konvergenzzone«.

19 Vgl. Mensching H.G.: Die Sahelzone – Probleme ohne Lösung? In: Die Erde, Vol. 116, 1985, S. 100 f.

20 Siehe z.B. Lovejoy P.E./Baier T.: The Desert Side Economy of the Central Sudan. In: Glantz M. (Hrsg.): The Politics of Natural Disaster. Praeger, New York 1976, S. 198 f. Ebenso Somerville C.M.: Drought and Aid in the Sahel. Westview Special Studies on Africa, Boulder, London 1986. Weiterhin Sasson A.: Effects of climatic variation on production. Drought, desertification and famine in sub-Saharan Africa. In: Sasson A.: Feeding tomorrow's world. Sextant Series No. 3, UNESCO/CTA, Paris 1990, S. 247 ff.

21 Siehe dazu National Research Council, Board on Science and Technology for International Development (BOSTID), Advisory Committee on the Sahel: Environmental Challenge in the Sahel. National Academy Press, Washington, D.C. 1984. Ebenso ders.: Environmental Change in the Sahel. National Academy Press, Washington, D.C. 1984.

22 Spitteler G.: Dürren im Air. In: Die Erde, Vol. 116, 1985, S. 177 ff.

23 Siehe dazu Somerville C.M.: Drought and Aid in the Sahel. Op. cit. S. 1 ff.

24 Sasson A.: Op. cit. S. 247-248.

25 Ebenda, S. 250 f., S. 253, und die dort angegebene Literatur.

26 Siehe zur Problematik u.a. Sasson A.: Op. cit. S. 217 f. und S. 283 f.

27 Für eine vertiefte und detaillierte Behandlung des Themas siehe Schmidt-Lorenz R.: Die Böden der Tropen und Subtropen. In: Rehm S. (Hrsg.): Handbuch der Landwirtschaft und Ernährung in den Entwicklungsländern. Band 3: »Grundlagen des Pflanzenbaues in den Tropen und Subtropen«. Verlag Eugen Ulmer, Stuttgart 1986, S. 47 ff.

28 Siehe dazu besonders: Von Maydell H.-J.: Agroforstwirtschaft in den Tropen und Subtropen. In: Rehm S. (Hrsg.): Handbuch der Landwirtschaft und Ernährung in den Entwicklungsländern. Band 3: »Grundlagen des Pflanzenbaues in den Tropen und Subtropen«. Verlag Eugen Ulmer, Stuttgart 1986, S. 169-189.

29 Vgl. Enquete-Kommission »Vorsorge zum Schutz der Erdatmosphäre« des Deutschen Bundestages (Hrsg.): Schutz der Tropenwälder. Economica-Verlag, Bonn 1990, S. 271 ff.

30 Ebenda, S. 308 ff.
31 Vgl. Riedel E.: Menschenrechte der dritten Dimension. In: Europäische Grundrechte Zeitschrift, Jg. 16, Heft 1/2, 1989, S. 9-21.
32 Siehe dazu Nuscheler F.: Struktur- und Entwicklungsprobleme Schwarzafrikas. In: Nohlen D./Nuscheler F. (Hrsg.): Handbuch der Dritten Welt. Band 4: »Westafrika und Zentralafrika: Unterentwicklung und Entwicklung«. Hoffmann und Campe, Hamburg 1982, 2. überarbeitete und ergänzte Ausgabe, S. 12.
33 Siehe dazu auch Manshard W.: Entwicklungsprobleme in den Agrarräumen des tropischen Afrika. Wissenschaftliche Buchgesellschaft, Darmstadt 1988, S. 87.
34 McNeely J./Miller K. et. al.: Conserving the World's Biodiversity. IUCN, Gland (Schweiz) 1990. Ebenfalls herausgegeben von WWF, WRI sowie Weltbank, Washington, D.C. 1990.
35 IUCN: The IUCN Sahel Studies, Gland (Schweiz) 1989, S. 84.
36 McNeely J./Miller K. et. al.: Conserving the World's Biodiversity. Op. cit.
37 Ebenda, S. 45.
38 Siehe dazu IUCN: Review of the Protected Areas System in the Afrotropical Realm. Gland (Schweiz) 1986, S. 94.
39 Siehe dazu IUCN: The IUCN Sahel Studies. Gland (Schweiz) 1989.
40 Siehe dazu IUCN: Review of the Protected Areas System in the Afrotropical Realm. Gland (Schweiz) 1986, S. 124.
41 Newby J.E./Grettenberger J.F.: The Human Dimension in Natural Resource Conservation. A Sahelian Example from Niger. In: Environmental Conservation, Vol. 13, No. 3, Herbst 1986.
42 IUCN: Review of the Protected Areas System in the Afrotropical Realm. Gland (Schweiz) 1986, S. 34.
43 Siehe Mensching H.G.: Desertifikation. Ein weltweites Problem der ökologischen Verwüstung in den Trockengebieten der Erde. Wissenschaftliche Buchgesellschaft, Darmstadt 1990, S. 3.
44 Ebenda, S. 4.
45 Vgl. dazu auch Garduno M.A.: Technology and desertification. In: United Nations Secretariat: Desertification: Its Causes and Consequences. Pergamon Press, Oxford 1977, S. 319-449. Garduno gibt folgende Erklärung (S. 320): »*Desertification is the impoverishment of arid, semiarid, and some subhumid ecosystems by the impact of man's activities. It is the process of change in these ecosystems that leads to reduced productivity of desirable plants, alterations in the biomass and in the diversity of life forms, accelerated soil degradation, and increased hazards for human occupancy. Desertification is the result of land abuse.*«

46 Stebbing E.P.: The Encroaching Sahara: The Threat to West African Colonies. In: Geographical Journal 85, 1935, S. 506-524.

47 Aubreville A.: Climats, Forêts et Désertification de l'Afrique Tropicale. Société d'Editions Geographiques, Maritime et Coloniales, Paris 1949.

48 Siehe dazu eine neuere Beurteilung über die Problematik der Desertifikation von Rhodes S.L.: Rethinking Desertification: What Do We Know and What Have We Learned? In: World Development, Vol. 19, No. 9, Pergamon Press, Oxford / New York, September 1991, S. 1137-1143.

49 Nelson R.: Dryland Management. The »Desertification« Problem. Weltbank, Policy Planning and Research Staff, Environment Department, Working Paper No. 8, Washington, D.C., September 1988. Nelson schlußfolgerte (S. 6): »*The point is not to be critical of the questionnaire or the [UNEP] study; given the lack of measurements in the field and the public and political demands for some quantification what else can be done? The point is to emphasize that the results, which are by far the most widely quoted evidence on the extent of desertification, have an extraordinarily shaky basis and have clearly been enormously influenced in Africa, by being completed after a long and exceptionally dry period.*«

50 So z.B. die Schlußfolgerungen einer Studie von Lamprey H.F.: Report on the desert encroachment reconnaissance in Northern Sudan, 21.10.-10.11.1975. UNESCO/UNEP, Paris 1975.

51 Vergleiche Forse W.: The Myth of the Marching Desert. In: New Scientist, Vol. 121, No. 1650, London, 4. Februar 1989, S. 31-32. Siehe auch Rhodes S.L.: Rethinking Desertification: What Do We Know and What Have We Learned? Op. cit. S. 1139.

52 Vgl. Hellden U.: Drought impact monitoring: A remote sensing study of desertification in Kordofan, Sudan. Rapporter och Notiser No. 61, Lunds Universitets Naturgeografiska Institution, Lund (Sweden), November 1984. Ebenso Olsson L.: An integrated study of desertification. Applications of remote sensing, GIS and spatial models in semi-arid Sudan. Lund Studies in Geography, Series C, Vol. 13, 1985. Und Ahlcrona E.: The impact of climate and man on land transformation in Central Sudan. Applications of remote sensing. Meddelanden fran Lunds Universitets Geografiska Institutioner, Avhandlinger, No. 103, 1988.

53 Nelson R.: Dryland Management. The »Desertification« Problem. Op. cit.

54 Vgl. z.B. die Aussage von Dregne H.E.: »*Claims that the [desert] is expanding at some horrendous rate are still made despite the absence of*

evidence to support them. It may have been permissible to say such things ten or twenty years ago when remote sensing was in its infancy and errors could easily be made in extrapolating limited observations. It is unacceptable today.« (Reflections on the PACD. In: Desertification Control Bulletin. Special Tenth Anniversary of UNCOD Issue, 15. November 1987, S. 11.)

55 Vgl. Hellden U.: Drought impact monitoring: A remote sensing study of desertification in Kordofan, Sudan. Rapporter och Notiser No. 61, Lunds Universitets Naturgeografiska Institution, Lund (Sweden), November 1984. Hellden schreibt (S. 53): »*There was no creation of long lasting desert-like conditions during the 1962-1979 period in the area corresponding to the magnitude described by many authors [...] and commonly accepted by the Sudanese Government and international aid organizations [...] The impact of the Sahelian drought was short lasting followed by a fast land production recovery.*« Allerdings beschränkt sich dieses Beispiel auf ein spezifisches Gebiet, das relativ intensiv beobachtet wurde, aber es zeigt die Schwierigkeit, das Ausmaß der Desertifikation zu bestimmen und aufgrund lokaler Bedingungen Extrapolationen vorzunehmen.

56 Vgl. z.B. Mabbutt J.A.: A new global assessment of the status and trends of desertification. In: Environmental Conservation, Vol. 11, No. 2, Sommer 1984, S. 103-113. Mabbutt schreibt: »*The threatened area of 4500 million [hectares] constitutes 35% of the land surface of the Earth, with 20% (850 millions) of the world's total human population. Estimates indicate that, of this area 75% is already moderately desertified, and 30% is severely or very severely desertified.*« (S. 112)

57 So z.B. World Commission on Environment and Development: Our Common Future. Oxford University Press, New York 1987, S. 127-128. Deutsche Ausgabe: Weltkommission für Umwelt und Entwicklung: Unsere Gemeinsame Zukunft. Hauff V. (Hrsg.), Eggenkamp Verlag, Greven 1987, S. 130: »*Jedes Jahr werden 6 Mio. Hektar Boden endgültig zu Wüste. Weitere 21 Mio. Hektar lassen sich jährlich wegen der Ausbreitung der Wüste nicht mehr wirtschaftlich verwerten. Trotz einiger örtlicher Verbesserungen werden sich diese Prozesse fortsetzen.*«

58 Siehe Nelson R.: Dryland Management. The »Desertification« Problem. Op. cit.

59 Siehe Warren A. / Agnew C.: An assessment of desertification and land degradation in arid and semiarid areas. Paper No. 2, International Institute for Environment and Development, London, November 1988.

60 Vgl. z.B. Walker A.S./Robinove C.J.: Annotated Bibliography of Remote Sensing Methods for Monitoring Desertification. Geological Survey Circular 851, US Department of the Interior, Washington, D.C. 1981.

61 Falloux F.: Land Information and Remote Sensing for Renewable Resources Management in Sub-Saharan Africa. World Bank Technical Paper No. 108, Washington, D.C. 1989.

62 Ebenda, S. 8.

63 Siehe National Research Council, Advisory Committee on the Sahel, Board on Science and Technology for International Development (BOSTID), Office of International Affairs: Resource Management for Arid and Semiarid Regions: Environmental Change in the West African Sahel. National Academy Press, Washington, D.C. 1984.

64 Siehe dazu Rijks D.: Development of Rainfed Agriculture Under Arid and Semi-Arid Conditions. Proceedings of the Sixth Agricultural Sector Symposium. World Bank, Washington, D.C. 1986. Ebenso: Enquete-Kommission »Vorsorge zum Schutz der Erdatmosphäre« des Deutschen Bundestages (Hrsg.): Schutz der Tropenwälder. Economica-Verlag, Bonn 1990.

65 Siehe dazu den ausführlichen Katalog von Manshard W.: Entwicklungsprobleme in den Agrarräumen des tropischen Afrika. Op. cit. S. 192-199.

66 Siehe dazu Poupon H./Bille J.C.: Recherches écologiques sur une savanne Sahélienne du Ferlo septentrional, Senegal: Influence de la secheresse de l'années 1972-1973 sur la strate ligneuse. In: La Terre et la Vie, No. 28, 1974, S. 49-75.

67 Ebenda.

68 Mensching H.G.: Desertifikation. Ein weltweites Problem der ökologischen Verwüstung in den Trockengebieten der Erde. Op. cit. S. 54 f.

69 »Wadi« ist die geographische Bezeichnung für das tiefeingeschnittene, meist trockenliegende Flußbett eines Wüstenflusses.

70 Siehe dazu Gorse J.E./Steeds D.R.: Desertification in the Sahelian and Sudanian Zones of West Africa. World Bank Technical Paper No. 61, Washington, D.C. 1987.

71 Ebenda, S. 8.

72 Ebenda, S. 22 ff.

73 Siehe dazu Stryker J.D.: Technology, Human Pressure, and Ecology in the Arid and Semi-Arid Tropics. In: Environment and the Poor. Development Strategies for a Common Agenda. ODC, Washington, D.C. 1989.

74 Siehe dazu Allen J. (Hrsg.): The Sahara. Ecological Change and Early Economic History. The Centre of African Studies of the University of London, London 1978.

75 Siehe dazu Sandford St.: Management of Pastoral Development in the Third World. John Wiley & Sons, New York 1983. Ebenso Yudelman M.: Prospects for Agricultural Development in Sub-Saharan Africa. Occasional Paper, Winrock International Institute for Agricultural Development, Morrilton, Arkansas 1987.

76 Vgl. Stryker J.D.: Technology, Human Pressure, and Ecology in the Arid and Semi-Arid Tropics. In: Environment and the Poor: Development Strategies for a Common Agenda. ODC, Washington, D.C. 1989.

77 Siehe IUCN: Review of the Protected Areas System in the Afrotropical Realm. Gland (Schweiz), S. 147.

78 Siehe dazu Food and Agriculture Organization (FAO): Review of the Tropical Forestry Action Plan (TFAP). A Report by a Highlevel Independent Mission. Rom 1990.

79 Siehe dazu Side Gaye: Glaciers in the Desert. In: Ambio, Vol. 16, No. 6, S. 351-356. Stockholm 1987.

80 Vgl. Club du Sahel: Forestry and Ecology Development in the Sahel. Overview and Prospects. OECD, Paris 1983.

81 Ebenda.

82 Siehe dazu Bremm-Gerhards U.: Chancen solarer Kochkisten als angepaßte Technologie in Entwicklungsländern. Erschienen als: Sozialwissenschaftliche Studien zu Internationalen Problemen, No. 165, Breitenbach Publishers, Saarbrücken/Fort Lauderdale 1991.

83 Siehe dazu Baldwin S. et. al.: Improved Woodburning Cookstoves. Signs of Success. In: Ambio, Vol. 14, No. 4-5, S. 280-287.

84 Vgl. Lal R.: Soil erosion problems on Alfisols in Western Nigeria and their control. IITA Monograph, Ibadan, Nigeria 1986.

85 Dieser Beitrag von Frau Grudrun Graichen-Drück wurde bereits veröffentlicht in: Donner-Reichle C./Klemp L. (Hrsg.): Frauenwort für Menschenrechte. Beiträge zur entwicklungspolitischen Diskussion. Sozialwissenschaftliche Studien zu internationalen Problemen Nr. 146, Breitenbach Verlag, Saarbrücken/Fort Lauderdale 1990. Für die vorliegende Publikation waren geringfügige redaktionelle Veränderungen notwendig. Dem Breitenbach Verlag danken wir herzlich für die freundliche Genehmigung, diesen Beitrag hier zu verwenden.

86 Monimart M.: Femmes et Lutte contre la Désertification au Sahel. Etude d'Expériences dans six pays. Ouagadougou, Juin 1988.

Marie Monimart hat Frauen aus Burkina Faso, den Kap Verden, Mali, Mauretanien, dem Niger und dem Senegal befragt. Ihr Bericht enthält eine Fülle von sehr bildhaften Äußerungen von Sahelfrauen. Übersetzung aus dem Französischen durch die Autorin.

87 Ebenda, S. 16.
88 Ebenda, S. 21.
89 Ebenda, S. 19.
90 Ebenda, S. 18.
91 Ebenda, S. 19.
92 Ebenda, S. 30.
93 Ebenda, S. 31.
94 Vgl. Schörry-Klinger: Zielgruppenanalyse der Frauen. Integrierte ländliche Entwicklung. Achram Diouk, Mauretanien. Graue Literatur für GTZ, Juni 1988. S. 8 f., 36 f.
95 Monimart M.: Femmes et Lutte contre la Désertification au Sahel. Etude d'Expériences dans six pays. Op. cit. S. 24.
96 Ebenda, S. 28.
97 Aussagen zur Familienstruktur vgl. Monimart M.: Femmes et Lutte contre la Désertification au Sahel. Etude d'Expériences dans six pays. Op. cit. S. 25 ff.
98 Ebenda, S. 132.
99 Ebenda, S. 130 f.
100 Ebenda, S. 9.
101 Ebenda, S. 33.
102 Spitteler G.: Handeln in einer Hungerkrise. Tuaregnomaden und die große Dürre von 1984. Opladen 1989, S. 94 ff.
103 Siehe dazu Broetz G.: Ihr könnt uns nicht den Regen bringen. In: Modernisierung der Ungleichheit. Beiträge zur feministischen Theorie und Praxis Nr. 23, 1988, S. 41-52.
104 Rochette, R.M. (Hrsg.): Le Sahel en Lutte contre la Désertification. Leçons d'Expériences. CILSS/GTZ, Weikersheim 1989. (Der Eindruck drängt sich auf, daß vor allem bei den Fallbeispielen, bei denen eine Frau unter den Verfassern war, die Leistungen der Frauen gewürdigt wurden; diese geschlechterspezifische Wahrnehmung trifft aber nicht durchgehend zu.)
105 Alle Beispiele sind aus Burkina Faso. Vgl. Rochette R.M.: Op. cit. S. 236, 295, 331 f. und 346 ff.
106 Vgl. Rochette R.M.: Op. cit. S. 319.
107 Ebenda, S. 196.
108 Angebote der Familienplanung beispielsweise werden gewöhnlich nicht mit dem Selbstbestimmungsrecht der Frauen begründet, sondern als Maßnahme des Schutzes knapper natürlicher

Ressourcen gerechtfertigt und damit, daß Frauen nur bei Verringerung der Kinderzahlen ihren Aufgaben nachkommen können. Vgl. Wichterich Ch.: Bevölkerungskontrolle als Naturschutz. In: Frauen und Ökologie, 1987.

109 So z.B. mein verehrter Lehrer K. William Kapp mit seinem 1950 (!) veröffentlichten Buch »The Social Cost of Private Enterprise« (Harvard University Press, Cambridge, Mass. 1950), dessen überarbeitete Version 1977 als »Soziale Kosten der Marktwirtschaft« bei fischer-alternativ auf Deutsch erschien.

110 Siehe Meadows D. et al.: Die Grenzen des Wachstums. Bericht des Club of Rome zur Lage der Menschheit. dva, Stuttgart 1972.

111 Mesarovic M. / Pestel E.: Menschheit am Wendepunkt. 2. Bericht an den Club of Rome zur Weltlage. dva, Stuttgart 1974.

112 Council on Environmental Quality / Department of State: The Global 2000 Report to the President. Entering the Twenty-First Century. Charlottesville 1981.

113 World Commission on Environment and Development: Our Common Future. Oxford University Press, New York 1987; deutsche Ausgabe: Weltkommission für Umwelt und Entwicklung: Unsere Gemeinsame Zukunft. Hauff V. (Hrsg.), Eggenkamp Verlag, Greven 1987.

114 Siehe dazu Somerville C.M.: Drought and Aid in the Sahel. Westview Special Studies on Africa. Boulder und London 1986, S. 24 ff.

115 Siehe Club du Sahel / CILSS: Forestry and Ecology Development in the Sahel. OECD, Paris, Juli 1983, S. 5.

116 Siehe dazu OECD: Development Co-operation, 1990 Report. Paris 1990, S. 224.

117 Vgl. Somerville C.M.: Drought and Aid in The Sahel. Op. cit. S. 221.

118 Office of Technology Assessment (OTA): Continuing the Commitment: Agricultural Development in the Sahel. Special Report, OTA-F-308, US Government Printing Office, Washington, D.C. 1986, S. 56.

119 Vgl. Club du Sahel / CILSS: Development of Rainfed Agriculture in the Sahel. OECD, Paris, Juli 1983, S. 6.

120 Ebenda, S. 7.

121 Siehe Direktion für Entwicklungszusammenarbeit und Humanitäre Hilfe (Hrsg.): Entwicklungszusammenarbeit der Schweizerischen Eidgenossenschaft, Jahresbericht 1990, Bern 1991.

122 Siehe Lal R.: Soil Erosion Problems On Alfisols In Western Nigeria and Their Control. IITA Monograph, Ibidan, Nigeria 1986.

123 Vgl. Anderson D.: The Economics of Afforestation. Johns Hopkins University Press, Baltimore 1987. Ebenso Club du Sahel: Ecology

and Rural Development in Subsaharan Africa: Selected Case Studies. OECD, Paris 1988.

124 Siehe Direktion für Entwicklungszusammenarbeit und Humanitäre Hilfe (Hrsg.): Entwicklungszusammenarbeit der Schweizerischen Eidgenossenschaft, Jahresbericht 1990, Bern 1991, S. 6.

125 Schneider B.: Die Revolution der Barfüßigen. Europa-Verlag, Zürich 1986.

126 Siehe dazu Drabek A.G.: Development Alternatives. The Challenge for NGOs. An Overview of the Issues. In: World Development 15, Supplement 1987, ix-xv. Ebenso InterACTION: NGO Statement Submitted to the 509th Meeting of The Development Assistance Committee. In: Monday Developments, 23. Juni 1986.

127 Siehe Schneider B.: Die Revolution der Barfüßigen. Op. cit. S. 239 f.

128 Siehe Club du Sahel: Ecology and Rural Development in Sub-Saharan Africa. Selected Case Studies. Op. cit.

II Mali:
Ein typisches Sahelland

Schaubild 5

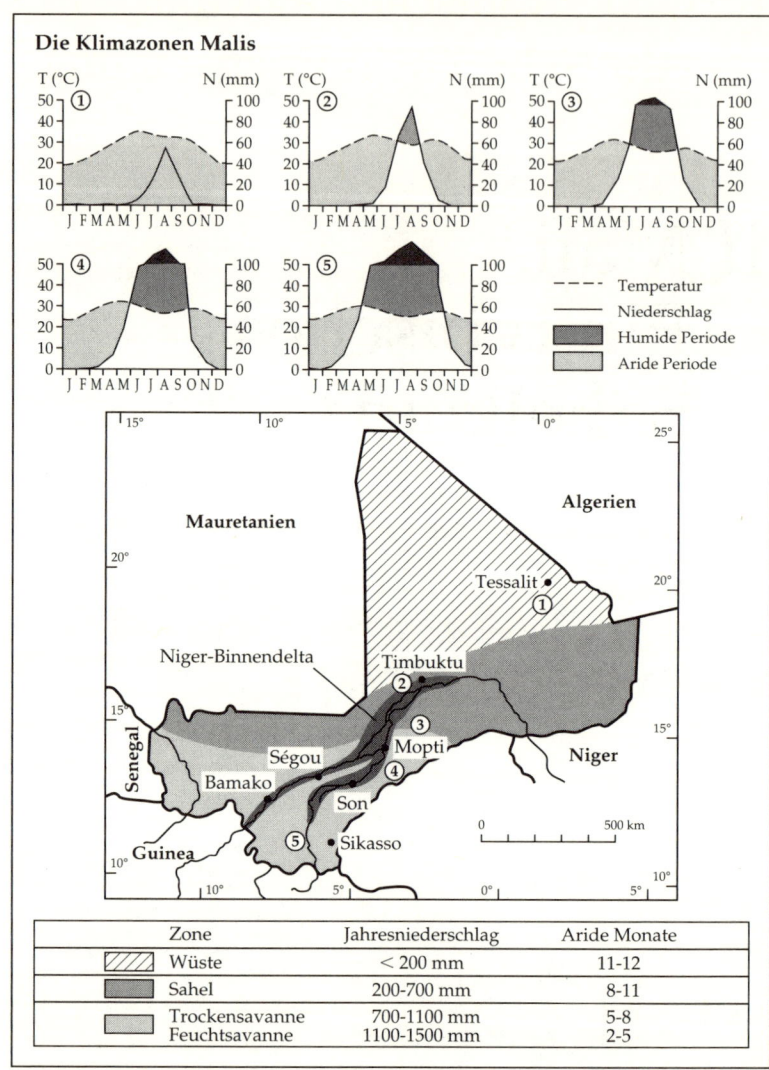

Die Klimazonen Malis

Zone		Jahresniederschlag	Aride Monate
▨	Wüste	< 200 mm	11-12
▧	Sahel	200-700 mm	8-11
▨	Trockensavanne	700-1100 mm	5-8
	Feuchtsavanne	1100-1500 mm	2-5

Quelle: B. Messerli, Geographisches Institut der Universität Bern

1 Geographische Lage und ethnische Zusammensetzung

Das Binnenland Mali dehnt sich auf einer Fläche von 1,24 Millionen km² von den Sandsteinplateaus mit den steil abfallenden Klippen im Südwesten (200-400 m über dem Meeresspiegel) über das Tiefland des Niger bis hin zum Berggebiet des Adrar der Iforhas (700 m über dem Meeresspiegel) im Nordosten aus.

Zwischen dem äußersten Norden Malis und dem südlichsten Teil des Landes liegen 1'600 km. Die Landschaften schließen deshalb von der Feuchtsavanne bis zur Fels- und Sandwüste höchst unterschiedliche Biotope ein. In den feuchten Gebieten des Südens bestehen sehr günstige Bedingungen für den Pflanzenbau, während im trockenen Norden nur noch die nomadische Viehzucht möglich ist. Der Niger und der Senegal, die beiden großen Flußsysteme Malis, sind von zentraler Bedeutung für das Land: Sie ermöglichen intensive Bewässerung, bilden ein beachtliches Potential für den Fischfang und dienen zudem als wichtige Verkehrswege (Schaubild 5).

Im heutigen Mali dominieren die Bamana und Maninka (oder Malinke). Ihre Sprache, das *Bamanakan* und *Maninkakan*, sind miteinander eng verwandte Dialekte, die von rund 50 Prozent der etwa acht Millionen MalierInnen gesprochen und von weiteren 25 Prozent verstanden wird. Aus dem *Bamanakan* heraus, das sich in Mali als Lingua franca durchgesetzt hat, ist auch das einfacher strukturierte *Dyula* entstanden, das von Senegal und Gambia, von Guinea über die nördlichen Teile der Elfenbeinküste bis nach Burkina Faso und das nördliche Ghana hinein verstanden wird. Diese weite Verbreitung einer gemeinsamen Sprache ist direkt auf das alte Mali-Reich zurückzuführen.

Im Nordosten Malis, vom Debo-See bis nach Gao und anschließend in die Republik Niger hinein dominiert das Songhay, eine Sprache, die sonst mit keiner anderen Sprache im subsaharischen Afrika verwandt ist. Der Anteil der Songhay beträgt rund sechs Prozent der Gesamtbevölkerung Malis. Im gleichen Gebiet wird auch das Tamachak, die Sprache der Tuareg, sowie Arabisch gesprochen, zusammen wohl von weniger als fünf Prozent der Bevölkerung. Zwischen diesen beiden Polen leben, neben den Hackbau treibenden Bwa und Bobo, die viehzüchtenden Peul. Sie machen etwa 17 Prozent der Bevölkerung aus. Ihre Sprache, das *fulfulde*, ist mit den im Senegal weit verbreiteten Sprachen Wolof und Tukulor verwandt. Dogon, Senufo (oder Minianka) und Samo, zusammen von höchstens zwölf Prozent der Bevölkerung gesprochen, werden den Voltaischen- oder Gur-Sprachen zugeordnet. Weitere ethnische Gruppen sind die Bozo und Somono (Fischer entlang des Niger), die Soninke (Hackbauern und Kaufleute im Nordwesten) sowie Kassonke im Westen des Landes.

Mali ist ein relativ großes Land, es ist flächenmäßig dreißig mal so groß wie die Schweiz und etwa vier mal so groß wie Deutschland. Im Vergleich zu den meisten subsaharischen Ländern Afrikas, in denen oft bedeutend mehr verschiedene Sprachen gesprochen werden als in Mali, könnte man zum Schluß kommen, daß das Land eine relativ homogene ethnische Zusammensetzung hat. Zieht man jedoch in Betracht, daß die verschiedenen ethnischen Gruppen nicht als einzelne Blöcke in einem abgegrenzten Gebiet nebeneinander leben, sondern gruppen- oder klanweise nur ein »Quartier« – wie in Mali gesagt wird – eines Dorfes bewohnen, wird die Situation komplexer. Darüber hinaus spielt auch die soziale Hierarchie eine wesentliche Rolle, die innerhalb ein und derselben Sprachgruppe die Individuen in weitere soziale Kategorien unterteilt.

Dies soll am Beispiel der ethnischen Zusammensetzung im Binnendelta des Niger näher erklärt werden. Hier sind die meisten Dörfer zwei-, wenn nicht gar dreisprachig. In der Schule kommt dann als vierte Sprache noch das Französisch hinzu. Das Binnendelta des Niger (oder die alte Provinz Massina) beginnt östlich von Ségou auf der Höhe von Ké Macina. Seine östliche Grenze wird durch den Debo-See gebildet. Dazwischen haben wir eine weite Fluß- und Überflutungslandschaft, die beim Höchstwasserstand des *Niger* und dessen wichtigsten Zuflusses, des *Bani*, etwas größer als die Hälfte der Schweiz ist.

Traditionellerweise gehört hier das Wasser den Bozo und den Somono, der Boden den Maraka und das Gras den Peul. Die Bozo sind linguistisch mit den Soninke, Bamana und Maninka verwandt. Sie gelten als die ältesten Bewohner des Massina. Das Wort »Bozo« ist jedoch eine Fremdbezeichnung der Bamana. Die Bozo selber teilen sich in vier Untergruppen auf, jede mit einem entsprechenden Namen; untereinander können sie sich nur teilweise verständigen. Ursprünglich fischten diese vier Bozo-Gruppen mit unterschiedlichen Fanggeräten, und sie bewohnten auch verschiedene Wasserläufe des Niger- und Bani-Flußsystems.

Die Somono ihrerseits scheinen aus einer Mischung von islamisierten Bozo und Bamana hervorgegangen zu sein. Sie leben zwar auch vorwiegend vom Fischfang, bauen gleichzeitig aber auch Reis an, was die Bozo nicht tun. Noch heute werden alle Pirogen, die aus Planken zusammengebauten traditionellen Boote, ausschließlich von Bozo-Handwerkern gebaut – nie von Somono. Die Somono hingegen, die im Raum Ségou Bamana sprechen, in der Umgebung Moptis aber einen der vier Bozo-Dialekte, sind die wichtigsten Pirogenbesitzer und Transporteure auf dem Fluß. Weder wohnen Bozo und Somono zusammen in einem Dorf noch werden untereinander Hochzeiten geschlossen. Und um die Sache noch komplizierter zu machen: Sowohl bei den Bozo als auch Somono gibt es Familien, die älter sind und dadurch als nobler gelten, wie es auch solche gibt, die als Leibeigene und Hörige betrachtet werden. Diese Unterscheidungen haben nichts mit Reichtum, sondern nur mit Rechten und Verhaltensmustern zu tun.

»Maraka« ist das Bamanawort für die Soninke. Es bedeutet so viel wie »Mensch der herrscht«. Die Maraka betrachten sich als eine Art Aristokratie, deren Ursprung im mittelalterlichen Reich Ghana zu suchen wäre. Innerhalb der Maraka müssen jedoch mehrere historisch gewachsene Schichten unterschieden werden. Nur die *maraka pi*, die »schwarzen Maraka«, werden tatsächlich als von den Soninke abstammend betrachtet. Die anderen Maraka hätten sich, so wird erzählt, erst später, zum Teil kurz vor der Unabhängigkeit Malis (1960) selbst zu Maraka gemacht, indem sie sich zum Islam bekehrten, wallende Gewänder (*Boubous*) trugen und dem Beruf des Kaufmannes nachgingen.

Noch komplizierter wird es bei den Peul. Sie setzen sich aus mindestens sieben verschiedenen Fraktionen zusammen, denen in der sozialen Hierarchie ein ganz bestimmter Platz zugeordnet wird. An der Spitze stehen die eigentlichen Peul, die sich selbst *fulbe* nennen. Die *fulbe* stellen etwa 50 bis 60 Prozent der *fulfulde*-sprechenden Bevölkerung. Sie sind *dimo*, das heißt »nobel«. Ebenfalls *dimo* sind die *jaawambe*, die eine sehr kleine, jedoch geachtete, wenn nicht gefürchtete Minderheit darstellen. *Jaawambe* gelten als klug und gerissen, viele der wichtigsten Kaufleute Malis sind *jaawambe*. In der Hierarchie folgen anschließend die *nyeeynbe*, die Handwerker (Weber und Töpferinnen, Gold- und Silberschmiede, Leder- und Holzbearbeiter), die etwa acht Prozent der Bevölkerung ausmachen. Zwischen *nyeenybe*, *fulbe* und *jaawambe* sind Eheschließungen traditionell völlig ausgeschlossen. Am Ende der Hierarchie stehen zwei Kategorien von »Unfreien« – die *rimbe*, deren Vorfahren Leibeigene der *fulbe* gewesen waren.

Diese Differenzierung und Hierarchisierung im sozialen Bereich ist für einen Außenstehenden sehr kompliziert. Die Bamana und Maninka werden sagen, dies sei auf ihren Kulturheros Sundjata, den Gründer des mittelalterlichen Mali-Reiches und 'Wilhelm Tell' der heutigen Republik Mali zurückzuführen. Er hätte im 13. Jahrhundert die Welt so eingeteilt. Für die Peul war es immer so. Für alle Betroffenen hat diese soziale Hierarchie nichts mit Besitz zu tun. Es ist ein ausschließlich aristokratisches Prinzip, ein Prinzip der Nobilität, das engstens mit dem Familiennamen und den Anstandsregeln, die es im Leben zu befolgen gilt, zusammenhängt.

Familiennamen, von den Bamana und Maninka *jamu*, von den Peul *yettoore* genannt, können von Fachleuten wie offene Bücher gelesen werden. Die meisten Menschen in Mali kennen bestimmte Familiennamen, die von den Namen der Väter abgeleitet sind (Patronyme), und können sie ethnisch und soziologisch einordnen. So bedeuten zum Beispiel »Diarra« und »Coulibaly« die beiden Königsdynastien des Ghana-Reiches, »Daillo«, »Ba«, »Bari« oder »Cissé« sind noble Peul-Patronyme.

Nächtliche Gespräche mit vertrauten Personen im Dorf führen heute noch regelmäßig zu Fragen, die den Ursprung betreffen – den Ursprung der Menschen schlechthin, vor allem aber den Ursprung der verschiedenen »races«. Mit diesem französischen Wort, das nicht mit dem deutschen »Rasse« gleichgesetzt werden darf, und für das in allen malischen Sprachen ein Äquivalent besteht, ist meistens *yamu/yettoore*, d.h. das Patronym, gemeint.

I ye shiya jumin ye? »Zu welcher ʻraceʼ (*shiya*) gehörst Du?« Diese Frage stellt man sich auch heute noch häufig untereinander. Die Antwort lautet dann nicht etwa »Bamana«, sondern »*numu*« (Schmied), »*horon*« (Nobler), oder »*kule*« (Holzbearbeiter). Die Zugehörigkeit zu einer ethnischen Gruppe bzw. zu einer sozialen Schicht und zu einem bestimmten Klan regelt soziales Verhalten, legt mögliche Heiratsverbindungen fest, oder auch den Zugang zu Ressourcen.

Selbstverständlich ist auch in Mali die Zeit nicht stillgestanden. Vielfältige, überwiegend westliche Einflüsse haben das Land und seine Menschen unübersehbar verändert und teilweise neu geprägt. Das oben skizzierte, von vielen Autoren mit dem Begriff »Kaste« umschriebene System sozialer Hierarchien und Verflechtungen ist in den großen Städten des Landes am Aufbrechen. In den hunderten oder gar tausenden von Dörfern haben diese Kategorien jedoch noch ihre unveränderte Bedeutung. Das ist mit ein Grund, weshalb viele junge Leute ihr Dorf verlassen, dem dörflichen sozialen Druck zu entweichen und ein neues Leben – wenn auch allzuoft ein miserables – in den Städten zu versuchen.

2 Wirtschaft

Mali gehört mit einem Bruttosozialprodukt pro Kopf von 270 US Dollar (1989) zu den ärmsten und am wenigsten entwickelten Ländern der Erde.[1] Es ist ein Binnenland mit wenig Bodenschätzen (Bauxit, Eisenerz, Mangan, Uran) und einem winzigen Industriesektor, der zwölf Prozent (1989) des Bruttoinlandproduktes erwirtschaftet. Über 86 Prozent der Arbeitskräfte sind in der Landwirtschaft beschäftigt. Diese trägt zu 50 Prozent zum Bruttoinlandprodukt bei, ihr Beitrag hängt jedoch stets von den unsicheren klimatischen Verhältnissen ab. Mali konnte zwar wegen der außerordentlich guten klimatischen Bedingungen in den Jahren 1988 und 1989 Getreideüberschüsse produzieren, in vielen vorhergehenden Jahren jedoch vernichteten Dürren ganze Ernten.

Der Dürre in den Jahren 1983-85 fielen zwischen 40 und 80 Prozent des Viehbestandes zum Opfer, der Verlust der Getreideproduktion belief sich 1984 auf schätzungsweise 300'000 Tonnen. Ein Drittel der damals sieben Millionen Menschen Malis kam in große Not und fünf Prozent waren vom Hungertod bedroht.[2] Doch nicht nur die klimatischen Rahmenbedingungen und die desertifikationsbedingten Probleme, sondern auch die politischen und institutionellen Versäumnisse im Landwirtschaftssektor sowie die niedrigen Produzentenpreise sind für die niedrige landwirtschaftliche Produktivität verantwortlich.

Als Rohstoffexporteur (Baumwolle, Erdnüsse, Vieh, Häute, Felle, Trockenfisch, Reis, Gold und Gummi), wurde Mali vom Verfall der realen Austauschbedingungen (Terms of Trade 1980 = 100, 1985 = 82, 1987 = 86) Anfang der achtziger Jahre schwer getroffen. Die Folge waren chronische Budgetdefizite, die sich unter anderem auch darin äußerten, daß Angestellte des öffentlichen Dienstes während Monaten ohne Lohn blieben. Zusätzlich zu den großen Außenhandelsdefiziten sind auch die Bilanzen des Dienstleistungssektors stets negativ. Die Zahlungsbilanz wird von hohen Gastarbeiterüberweisungen aus den Nachbarländern, hauptsächlich der Elfenbeinküste, verbessert (1989: US $ 39 Mio.), aber auch durch Übertragungen der öffentlichen Entwicklungshilfe (1989: US $ 317 Mio.). Die Auslandsschulden beliefen sich nach Angaben der Weltbank auf über zwei Milliarden Dollar, wovon über 95 Prozent langfristiger Art und öffentlich garantiert sind.[3]

Malis wichtigstes Exportgut ist Baumwolle, die vornehmlich im Süden des Landes angepflanzt wird. Wie in vielen anderen afrikanischen Ländern nahm die Baumwollproduktion Malis in den achtziger Jahren einen Aufschwung. Während 1979-1981 die Produktion noch bei 48'000 Tonnen lag, stieg sie bis 1988 auf 75'000 Tonnen und 1989/90 sogar auf 97'000 Tonnen.[4] Doch sanken die Preise in den Jahren 1985/86 auf etwa die Hälfte. Nachdem sich die Weltmarktpreise wieder erholt hatten, konnte Mali 1989 allein mit dieser Kultur einen Exporterlös von 274 Millionen US Dollar verzeichnen.[5]

Auch bei Getreide waren die Erträge in den Jahren 1989-1991 wegen des günstigen Klimas gut. Doch die staatliche Preispolitik, die das Interesse der städtischen Bevölkerung an billigen Nahrungsmitteln höher bewertet als die Anreizsignale für die Bauern, macht die Getreideproduktion für die Landwirtschaft so unrentabel, daß viele Betriebe auf die Baumwollproduktion umstellen. Ohne politische Reformen ist Mali daher auch unter günstigen klimatischen Voraussetzungen nicht in der Lage, seinen steigenden Bedarf an Nahrungsmitteln selbst zu decken.

Statistische Daten zu Mali[6]

Geographie / Demographie

Fläche	1'240'190 Quadratkilometer
Bevölkerung	8,9 Millionen
Bevölkerungsdichte	7 Einwohner pro Quadratkilometer
Verstädterung	19%
Bevölkerungswachstum 1980-89	2,5% pro Jahr
Bevölkerung im Jahr 2000	11 Millionen
Ethnische Struktur	Bambara, Malinke, Songhai, Senufo, Peul-Fulani, Dogon, Tuareg (total ca. 10% NomadInnen)
Amtssprache	Französisch
Verkehrssprachen	Bambara, Arabisch u.a.
Religion	90% Moslems, 9% Animisten, 1% Christen

Soziale Indikatoren

Analphabetenquote (1985)	83% (Frauen 89%)
Grundschulbesuch (1988)	23% (Frauen 17%)
durchschnittl. Lebenserwartung	47 Jahre (Frauen 49 Jahre)
Säuglingssterblichkeit	16,3%
Gesundheitsversorgung	1 Arzt/Ärztin auf 24'476 Einwohner 1 Spitalbett pro 2'180 Einwohner
Durchschnittl. Kalorieneinnahme	2'181 Kal./Tag/Person (Schweiz: 3437)
Energieverbrauch pro Kopf	24 kg Öleinheiten (Schweiz: 4193)

Wirtschaftliche Indikatoren

Bruttosozialprodukt	2,08 Millarden US Dollar
• Landwirtschaft	50%
• Industrie	12%
BSP pro Kopf (1989)	270 US Dollar
BSP Wachstum pro Kopf (1980-88)	0,4%
Inflation (1980-88)	4% pro Jahr
Arbeitskräfte 1988	2,89 Millionen (Frauen 16,3%)
Anteil des informellen Sektors an der Wirtschaftstätigkeit	50% (Schätzung)
Gastarbeiterüberweisungen	39 Millionen US Dollar

Außenhandel	1988	1989
• Export (in Mio. US Dollar)	255	271
davon in die Schweiz (in Mio. Sfr.)	2,21	1,43
Hauptprodukte: Gold, Baum-		
wolle, lebende Tiere, Pflanzenöl		
• Import (in Mio. US Dollar)	513	500
davon aus der Schweiz (in Mio. Sfr.)	2,65	2,84

1989	Exporte	Importe
Nahrungsmittel	-	20%
Brennstoffe	-	1%
Sonstige Rohstoffe	90%	2%
Maschinen, Elektrotechnik, Fahrzeuge	2%	36%
übrige Industrieprodukte	8%	42%

Terms of Trade
(1980=100)   88 (1988)

Währungsreserven   123 Millionen US Dollar

Öffentliche Auslandsschulden   2,157 Milliarden US Dollar

• in Prozent der Exporte   488
• in Prozent des BSP   105

Einnahmen aus öffentlicher Entwicklungshilfe	1988	1989
(in Mio. US Dollar)	427	470
davon aus der Schweiz (in Mio. Sfr.)	2,39	7,67

Quellen: Weltentwicklungsbericht 1991; Social Indicators of Development 1990; UNICEF: Die Lage der Kinder in der Welt 1991; Third World Guide 1991/91; Afrika Jahrbuch 1989; Schweiz. Außenhandelsstatistik 1988-1989; Schweiz. Hilfe für Entwicklungsländer 1988-1989.

3 Politik

Mali am Ende der Zweiten Republik

Nach der Veränderung der politischen Verhältnisse in Osteuropa entledigten sich auch viele afrikanische Nationen ihrer Despoten. So auch Mali, wo am 26. März 1991 ein Militärcoup das Regime der Zweiten Republik stürzte. Heute haben ehemalige oppositionelle Zivilisten das Sagen.

Mali ist ein Schwerpunktland der schweizerischen und deutschen Entwicklungszusammenarbeit, und zwar sowohl der staatlichen als auch privaten Träger. Früher den Menschen in Deutschland und in der Schweiz meist völlig unbekannt (Mali wurde meist mit dem indonesischen Bali verwechselt), ist das Land dank der intensivierten Entwicklungszusammenarbeit vielen Menschen vermehrt ins Bewußtsein gedrungen. Daß seine glorreiche Geschichte 700 Jahre zurückgeht, daß es keinen Anschluß zum Meer hat, daß es von der Kontrolle der Verkehrswege profitierte, sei nur nebenbei als Analogie mit der Schweiz erwähnt.

Mali genoß bis zum letzten Jahr den Ruf eines der wohl ärmsten, aber politisch stabilsten Länder Afrikas. Die Zweite Republik startete 1968 mit der Absetzung des ersten Präsidenten Modibo Keïta durch eine Gruppe junger Offiziere. Leutnant Moussa Traoré wurde zum Staatschef sowie zum General und Oberbefehlshaber der Armee und Vorsitzenden der volksdemokratischen Einheitspartei Union Démocratique du Peuple Malien (UDPM) erkoren.

Er entwickelte sich mit der Zeit zu einer autokratischen Integrationsfigur, die – mit Hilfe der Armee – die Einheit des ethnisch in über zwanzig Gruppen und sechs Sprachen geteilten Landes sicherstellte. International machte sich Moussa Traoré einen Namen als Vorsitzender der OUA (Organisation de l'Union Afrikaine), als Initiant der nach der Hauptstadt benannten Bamako-Initiative zur verbesserten Arzneimittelversorgung des afrikanischen Kontinentes sowie als Mitinitiant des UNO-Gipfeltreffens zu Gunsten der Rechte des Kindes.

Wegen der periodischen Dürren, der Desertifikation, der chronischen Heuschreckenplage, der Verschlechterung der terms of trade, aber auch wegen den verheerenden Auswirkungen der Planwirtschaft, insbesondere bei den Hauptnahrungsmitteln Hirse und Reis, wegen der Kapitalflucht, der politischen Verfilzung des aufgeblähten, unflexiblen Staatsapparates, der Korruption und des überbordenden Mißmanagements der Wirtschaft kam das hochverschuldete Land in den achtziger Jahren nicht aus der Krise heraus. Über zwei Millionen Einwohner wanderten als Gastarbeiter aus, hauptsächlich in die Elfenbeinküste.

Die ehemalige Kolonialmacht Frankreich, die Schweiz, die Bundesrepublik Deutschland, Holland, die USA und andere Länder sowie multilaterale Institutionen wie z.B. das Entwicklungsprogramm der Vereinten Nationen (UNDP) gaben in der Vergangenheit und geben bis heute erhebliche finanzielle und technische Mittel als Entwicklungshilfe und zinsgünstige Darlehen, die zum guten Teil nicht zurück bezahlt werden müssen. Im Jahre 1981 begann das Regime einen Liberalisierungsprozeß des Getreidehandels, löste defizitäre staatliche und parastaatliche Gesellschaften (u.a. auch die nationale Fluglinie Air Mali) auf und straffte die Verwaltung. Deswegen und dank einer außergewöhnlich guten Ernte verbesserte sich die Lage bis zum Jahre 1989.

Doch die politischen Probleme blieben ungelöst. Im Norden des Landes gab und gibt es bis heute (1992) ethnische Auseinandersetzungen. So gab es z.B. zwischen nomadischen Tuareg und der malischen Polizei in den letzten Jahren immer wieder bewaffnete Auseinandersetzungen.

Die Hauptstadt Bamako bildet einen weiteren Krisenherd. Die Einwohnerzahl wächst doppelt so rasch wie diejenige des Landes und erreicht bald eine Million. Die bestehende Infrastruktur kommt mit diesem massiven Wachstum nicht zurecht, für die notwendigen Neuinvestitionen fehlen

128

die finanziellen Mittel. Es herrscht ein Mangel an Wohnungen, Kanalisationssystemen, Wasserversorgung und allem anderen, was Städte normalerweise lebenswert macht. Viele junge Menschen sind arbeitslos, da sie entweder keine Ausbildung haben, oder es noch an privaten Unternehmern mangelt, die den Staat als größten Arbeitgeber ablösen. Die Löhne der Staatsangestellten waren zeitweise bis zu sechs Monaten im Rückstand. Eine zunehmende Unzufriedenheit griff um sich, geschürt von grassierendem Nepotismus und Korruption.

Trotz alledem wurde in den letzten zehn Jahren durch die lokalen Entwicklungsbemühungen und die internationale Entwicklungshilfe einiges an Verbesserungen erreicht. Hauptsächlich in der Wasserversorgung, in der Forst- und Landwirtschaft (Hirse, Baumwolle), dem Ausbau von Verkehrswegen, den Transporten und der Telekommunikation. Die Associations Villageois (»Tons«), im ganzen Land auf alter Tradition aufbauend und im Sinne von »institution building« gegründet, beginnen Fuß zu fassen. Die Landwirtschaft, die 85 Prozent der Arbeitsfähigen beschäftigt und 97 Prozent der Exporte (zur Hauptsache Baumwolle, Erdnüsse und Schlachtvieh) erwirtschaftet, macht langsame Fortschritte. Sie hängt aber nach wie vor stark von der Gunst des Klimas ab.

Noch immer läuft der Bevölkerungszuwachs mit einem jährlichen Anstieg von 2,5 Prozent der Nahrungsmittelproduktion davon, obwohl laut FAO (Food and Agriculture Organisation) die gegebenen Ressourcen mittels an sich bekannter Technologien die vierfache Bevölkerung ernähren könnten.

Unter solchen Umständen verwunderte es nicht, daß sich Ende 1990, primär in der Hauptstadt, die Opposition zum Regime verstärkte. Dieses machte – zu späte und zu kleine – Konzessionen, darunter die Liberalisierung der Presse und die Einführung eines Mehrparteien-Systems *innerhalb* der Staatspartei UDPM. Die Gegnerschaft kristallisierte sich um den »Nationalkongress für eine demokratische Initiative« (Comité National d'Initiative Démocratique, CNID), meist aus Politikern der Ersten Republik, und die Association pour la Démocratie au Mali (Adema). Wegen nicht ausbezahlter Stipendien gingen Schüler und Studenten auf die Straße. Die Gewerkschaften solidarisierten sich und organisierten einen Generalstreik. Zehntausende demonstrierten. Geschäfte und Häuser wurden geplündert.

Auf dem Höhepunkt der Unruhen schoß das Militär in die Menge: Die Auseinandersetzung forderte an die 200 Todesopfer, ein Vielfaches an Verletzten und Sachschäden in Höhe von hundert Millionen Schweizer Franken. Das Volk verlangte den Rücktritt des Präsidenten. Dieser jedoch weigerte sich, abzudanken. Am Abend des 25. März 1991 wurden er und seine Gattin vom Kommandanten der Fallschirmjäger, Leutnant Colonel Amadou Toumani Touré, verhaftet. In der Folge übernahm das Comité Transitoir pour le Salut du Peuple (CTSP) unter dem Vorsitz von Touré die Macht.

Dem CTSP gehörten elf Militärs und fünfzehn ehemalige Oppositionsführer aller Richtungen an. Es verstand sich als Sachwalter bis zu den versprochenen Parlaments- und Präsidentschaftswahlen. Das CTSP setzte eine neue Regierung aus politisch unbelasteten Fachleuten ein, geleitet von Soumana Sacko, einem integren, von der alten Regierung wegen kompromißlosen Einschreitens gegen die Korruption entlassenen ehemaligen Finanzminister. Sämtliche ehemaligen Minister und Generäle wurden abgesetzt, die UDPM aufgelöst. Privatisierung wurde gefördert. Das CTSP verpflichtete sich, die Verträge mit dem Ausland zu honorieren, garantierte die Menschenrechte und schaffte den Ausreise-Visumszwang ab.

Das Ausland, vorab Frankreich und die USA, reagierte rasch und positiv. Die gestoppte Entwicklungshilfe wurde reaktiviert, ja aufgestockt; die Interimsregierung genoß das Vertrauen der Geberländer.

Das CTSP institutionalisierte ferner einen nationalen Rat zur Ausarbeitung der neuen Verfassung. Parteien sind nun zugelassen – innerhalb weniger Wochen schrieben sich 32 ein. Bei den ersten Mehrparteienwahlen vom 23. Februar und 8. März 1992 fielen die Würfel für die Association pour la Démocratie au Mali (Adema), der nun mit 76 der 129 Mandate die absolute Mehrheit sicher ist. Ende April 1992 wurde im zweiten Wahlgang mit 71 Prozent der angegebenen Stimmen der 46-jährige ehemalige Kulturminister Alpha Konaré zum Präsidenten gewählt. Er ist der erste demokratisch gewählte Präsident Malis.

4   Umwelt- und sozial-politische Problemkreise Malis

Das Bevölkerungswachstum

Wie in den übrigen Sahelländern hat auch in Mali das hohe Bevölkerungswachstum (2,5% pro Jahr) schwerwiegende Folgen für die Wirtschaft, das soziale Gefüge und die Umwelt, da sich der Druck auf die spärlichen Ressourcen zunehmend verschärft.[7] Traditionen und Religionen, von Kultur zu Kultur unterschiedliche Denk- und Verhaltensweisen, die jedoch alle eine hohe Geburtenrate favorisieren, sowie die hohe Kinder- und Säuglingssterblichkeit begünstigen bei den meisten Familien den Wunsch nach einer möglichst hohen Kinderzahl. Mali kann – außer in klimatisch und wirtschaftlich 'guten Jahren' – den Nahrungsmittelbedarf seiner Bevölkerung schon heute nicht selbst decken. So lange die Geburtenrate so hoch bleibt, wird das Ziel der nachhaltigen Selbstversorgung – ganz zu schweigen vom Erfordernis der Erhaltung der natürlichen Ressourcen – immer schwieriger zu erreichen sein.

Das Städtewachstum

Überall in den Ländern der Dritten Welt, so auch in Mali und allen anderen Ländern der Sahelzone, wachsen die Stadtbevölkerungen noch schneller als die Gesamtbevölkerung. Mit dem raschen Wachstum der städtischen Zentren Malis, etwa 4,5% pro Jahr, vergrößern sich die Versorgungsprobleme (Trinkwasser, Elektrizität, angemessene Wohnungen, sanitäre Einrichtungen u.a.), aber auch die Entsorgungsprobleme (Abwasser, Müll, etc.). Eine erhebliche Luftverschmutzung kommt durch den immer dichter werdenden Verkehr und die vielen Holzkohle- und Brennholzöfen zustande, so daß dies, vor allem in der Hauptstadt Bamako, gesundheitsschädigende Ausmaße annehmen kann. Angesichts der knappen Mittel, die Mali zur Finanzierung seiner Entwicklung zur Verfügung hat und der grundsätzlichen Notwendigkeit, durch angemessene ländliche und landwirtschaftliche Entwicklungsmaßnahmen die Landflucht zu vermindern, sind wesentliche Investitionen in die Verbesserung der städtischen Infrastruktur auch in den kommenden Jahren nicht zu erwarten.

Armutsbedingte Krankheiten

Der Gesundheitszustand der Menschen in Mali ist generell schlecht, die Sterberaten sind hoch, besonders die der Kinder unter fünf Jahren.

Tabelle 6

Indikatoren zum Gesundheitsprofil Malis
Anteil der von ausgebildetem Personal betreuten Geburten (1983-88): 27%
Anteil der mit Untergewicht geborenen Kinder (1982-88): 17%
Anteil der an Unterernährung leidenden Kinder (1980-88): 50%
Sterberate der Kinder unter 5 Jahren, pro 1'000 Lebendgeburten (1989): 287
Prozentsatz der Bevölkerung mit Zugang zu Gesundheitsdiensten (1985-87): 15%
Anzahl der Menschen, die ein einziger Arzt zu betreuen hat (1984): ....25'319
Öffentliche Gesundheitsausgaben pro Kopf (1986): ....1,60 US $

Quelle: Weltbank: Weltentwicklungsbericht 1991. Washington, D.C. 1991

Armut und Krankheit bilden einen Teufelskreis, der nur sehr schwer zu durchbrechen ist: Je weniger soziale und wirtschaftliche Entwicklung ein Land durchlaufen hat, desto größer ist die Anzahl der Menschen, die in Armut leben. Je mehr Menschen in Armut leben, desto höher ist die Anzahl derjenigen, die ihre existenziellen Grundbedürfnisse (Ernährung, Trinkwasser, sanitäre Einrichtungen, Wohnung, etc.) nicht befriedigen können. Defizite bei der Deckung der Grundbedürfnisse resultieren überall auf der Welt in erhöhter Sterblichkeit und zunehmender Krankheitsverbreitung. Dort aber, wo Menschen krank sind, kann wirtschaftliche Entwicklung nicht stattfinden.

Einer der wesentlichsten Verursachungsfaktoren für die Übertragung von Infektionskrankheiten ist der Mangel an sauberem Wasser. Nur etwa ein Drittel der ländlichen und weniger als die Hälfte der städtischen Bevölkerung hat Zugang zu Trinkwasser angemessener Qualität.[8] Viele traditionelle Brunnen sind offen und bergen oft genug verschmutztes und mit Abwasser vermischtes Oberflächenwasser, das eigentlich für den menschlichen Konsum nicht mehr geeignet ist, mangels Alternativen jedoch dennoch benutzt wird. Unzureichende sanitäre Einrichtungen und schlechte Abfallbeseitigung sind weitere Krankheitsherde, sie bieten krankheitsübertragendem Ungeziefer günstige Lebensbedingungen. Das Überflutungsgebiet des Nigerdeltas ist eine Brutstätte für schistosomiasisübertragende Schnecken sowie für Insekten, die Flußblindheit und Malaria übertragen.

Die Landwirtschaft

Die Landwirtschaft Malis hat, wie die aller anderen Sahelländer, eine sehr niedrige Produktivität und schafft wenig Einkommen. Die Böden sind im allgemeinen Gemeinschaftsbesitz einer Gruppe (Familie, Dorf, Stamm) und werden nach festen Regeln Individuen zur Nutzung zugeteilt. Dies hat den Vorteil, daß das drängende Problem der Landlosigkeit (und der landlosen Armutsgruppen), wie es z.B. in

Asien der Fall ist, in Mali nicht so sehr besteht. Die mit den Landnutzungsrechten verbundenen Nachteile sind jedoch ebenfalls beträchtlich, sei es wegen der fehlenden Sicherheiten für Kredite oder wegen der Übernutzungsgefahr für Böden, die der Gemeinschaft gehören. Die Ausstattung mit landwirtschaftlichen Hilfsmitteln ist ebenfalls dürftig; modernere Mittel und Methoden sind (in der traditionellen Landwirtschaft, nicht in der auf Exportkulturen ausgerichteten) deshalb wenig verbreitet. Den weitaus meisten Ackerbauern fehlen Anreize und finanzielle Mittel für Investitionen in Bodenschutzmaßnahmen. Das Resultat ist die Abnahme der Bodenqualität und damit eine rasche Destabilisierung durch Erosion.

Dürren

Eines der größten Probleme aller Sahelländer und somit auch Malis ist, wie bereits dargelegt, naturbedingt und liegt nicht in menschlicher Hand. Dürren sind ein chronisches klimatisches Phänomen in der ganzen Sahelregion, sie belasten die Landwirtschaft und die von ihr abhängigen Menschen in hohem Maße. Dürren können – zumindest aus heutiger Sicht und für die absehbare Zeit – nicht vermieden werden. Was jedoch getan werden könnte und nicht im erforderlichen Maße getan wird, sind infrastrukturelle und planerische Maßnahmen, durch die die zu erwartenden und bekannten Auswirkungen der immer wiederkehrenden Dürren so niedrig wie möglich gehalten werden können. Bessere Bedarfsplanung und angemessenere Nutzungsmuster für die knappen Land- und Wasserressourcen könnten einen wesentlichen Beitrag zur Verhinderung ihrer totalen Erschöpfung leisten.

Migration

Zu den traditionellen Strategien, Dürren auszuweichen, gehört die Abwanderung in den feuchteren Süden

Malis. Dort ist nicht nur das Klima günstiger, sondern auch die Fruchtbarkeit der Böden höher. Doch die südlicher gelegenen Gebiete des Landes können nicht unbeschränkt Zuwanderer aufnehmen, ohne an vorgegebene Übernutzungsgrenzen zu stoßen und damit eine neue Problemspirale in Gang zu setzen.

Entwaldung

Auch für Mali ist das extensive Abholzen von Bäumen zur Brenn- oder Bauholzgewinnung ohne adäquate Wiederanpflanzungsprogramme ein brisantes Problem. Es führte in vielen Fällen zum vollständigen Ruin der Wälder. Da Brennholz mit etwa 90 Prozent die zentrale Energiequelle Malis ist und keine Alternativen in Sicht sind, die die Abhängigkeit von Brennholz zumindest mit der Zeit mindern, ist es eine Frage der Zeit, bis der Bedarf die heute noch vorhandenen Ressourcen auf Dauer übersteigt. In Mali ist das Versorgungsproblem mit Brennholz zwar noch nicht akut, jedoch führt der Baumverlust zu verstärkter Bodenerosion, die wiederum Aufforstungsbemühungen zur zukünftigen Holzgewinnung immer schwieriger gestaltet.

Überweidung

Die Vergrößerung der Herdenbestände Malis in Zeiten günstiger klimatischer Bedingungen resultiert in steigendem Druck auf die begrenzten Weideflächen während der Trockenzeiten. Das Resultat ist nicht nur Viehsterben, sondern auch die Zerstörung der Weidegebiete durch den Verlust nährstoffreicher mehrjähriger Gräser, schattenspendender Bäume und Buschwerk und der sich einschleichenden Erosion.

Übernutzung marginaler Böden, Erosion und Abbau der Bodenqualität

Wie im übrigen Sahel ist auch die malische Landbevölkerung gezwungen, ihre Landwirtschaft in marginale Gebiete auszuweiten, um den steigenden Nahrungsmittelbedarf zu decken. Wenn unter diesen Umständen dann Dürren hereinbrechen, ist dort mit keiner Ernte mehr zu rechnen. Die entblößten Böden werden in kurzer Zeit durch Winderosion abgetragen und damit auf Dauer für den Anbau unbrauchbar. Unter günstigen Umständen wäre in Grenzfällen eine Erholung möglich, wenn angemessene Brachezeiten eingehalten würden. Es wären jedoch bis zu 15 Brachejahre erforderlich, um ein selbst dann noch stets geringes Niveau der Bodenqualität wieder herzustellen. Solch lange Erholungsphasen für die Böden werden heute jedoch nicht mehr eingehalten, weil der wachsende Bevölkerungsdruck dies unmöglich macht. Wird der Erosion einmal der Weg bereitet, so schreitet sie voran, auch ohne weiteres menschliches Zutun.

5 Die Landwirtschaft Malis

Die Leistung des landwirtschaftlichen Sektors, besonders des Getreide-Subsektors, bestimmt im großen und ganzen die wirtschaftliche Gesamtleistung des Staates und somit den Lebensstandard der malischen Bevölkerung. Trotz der strukturellen Schwächen des ländlichen Raumes war es Mali bis in die sechziger Jahre möglich, neben anderen Kulturen auch Nahrungsmittelüberschüsse für den Export zu produzieren.[9]

Seither hat die Kombination von schlechter werdenden Klimabedingungen und einer für die Bauern inakzeptablen Preispolitik die landwirtschaftliche Entwicklung fast zum Erliegen gebracht. Auch das hohe Bevölkerungswachstum verschärfte in den letzten Jahren die Probleme der Nahrungsmittelversorgung Malis. So stieg in den siebziger Jahren stetig die Abhängigkeit des Landes von Nahrungsmittelimporten, und Nahrungsmittelhilfe wurde zur Dauereinrichtung.

Die verstärkte Außenabhängigkeit bei der Nahrungsmittelversorgung Malis kam trotz einer Ausdehnung der landwirtschaftlich genutzten Flächen zustande. Besonders in Jahren mit unzureichenden Niederschlägen wurden vermehrt auch in Gebieten Nahrungsmittel angebaut, die für eine solche Art der Nutzung nicht geeignet sind. Lediglich auf einem Viertel der Staatsfläche fällt ausreichend Regen, um extensive Landwirtschaft zu betreiben, und nur gerade zwei Prozent können intensiv ackerbaulich genutzt werden.

Das Zusammenwirken der wichtigsten Faktoren für die heutige Situation der Landwirtschaft und damit der Ernährungslage Malis – die naturräumlichen Grundlagen in den verschiedenen Klimazonen Malis, das daraus resultierende Nutzungspotential für den Menschen, die bisherige malische Landwirtschaftspolitik und das Ernährungsmuster der Bevölkerung – sollen im folgenden vertieft dargelegt werden.

5.1 Die naturräumlichen Grundlagen Malis und das daraus resultierende Nutzungspotential für den Menschen

Wie in allen Sahelstaaten sind auch in Mali die variablen Niederschläge der hauptsächliche Begrenzungsfaktor für die landwirtschaftliche Produktion. Alle Gebiete des Landes stehen unter einem sehr hohen Nutzungsdruck, welcher die empfindlichen Ökosysteme gefährdet. Abnehmende Niederschläge, zunehmende Variabilität und Aridität von Süden nach Norden haben geringer werdende Wasserressourcen sowie die Abnahme der Vegetationsdecke und der Bodenqualität zur Folge. Das natürliche Potential für die menschliche Nutzung wird parallel dazu immer geringer. Sozusagen als grüne Ader zieht sich der Niger durch diese verschiedenen Zonen und schafft in seinem Einflußbereich günstige landwirtschaftliche Bedingungen.

Die einzelnen Zonen können in der Natur nicht so eindeutig voneinander getrennt werden, wie sie in den nachfolgenden Schaubildern dargestellt sind, sondern gehen fließend ineinander über.

Die Wüstenzone Malis

Die Niederschläge sind hier einer extrem hohen zeitlichen und räumlichen Variabilität unterworfen. Mit dem Übergang zur Vollwüste ist Regen nur noch sehr selten und, wenn überhaupt, nur während der Sommermonate zu erwarten. Da diese Niederschläge oft auf stark ausgetrocknete Böden mit wenig ausgebildeten Infiltrationseigenschaften treffen, kommt es in vielen Fällen zu starkem Oberflächenabfluß und, damit verbunden, zu Erosion. Mit Ausnahme von fossilen Grundwasservorkommen sind in der Wüstenzone Malis keine permanent verfügbaren Wasserressourcen mehr vorhanden.

Im Gebiet der Wüsten dominieren sandige Rohböden, welche kaum eine landwirtschaftliche Nutzung zulassen.

Vereinzelt kommt es zur Bildung von Salzböden: Die hohen Verdunstungsraten und die kaum vorhandenen Niederschläge haben dazu geführt, daß sich in Senken Salzkrusten ausgebildet haben. In den Salinen von Taoudenni, 670 km nördlich von Timbuktu, werden Salzschichten, die in einem ausgetrockneten Seebecken entstanden sind, abgebaut. Dieses Salz gilt als eines der besten und ist für den Salzhandel noch heute von großer Bedeutung.

Schaubild 6

Die Wüstenzone Malis

Die Wüste ist größtenteils vegetationslos. Nur spezialisierte Lebensformen wie kurzlebige einjährige Pflanzen oder Speicherpflanzen vermögen, den widrigen Lebensbedingungen zu trotzen und an entsprechenden Standorten zu gedeihen. Die seltenen und geringen Niederschläge reichen aber aus, daß rasch wachsende Gräser die entsprechenden Gebiete vorübergehend in ein saftiges Grün verwandeln.

Wie für die Pflanzen dieser Region sind auch für die Tierwelt spezifische Anpassungen erforderlich, damit sie die permanente Hitze und Trockenheit überstehen. Tagsüber sind kaum Tiere zu sehen, sie kommen erst nachts aus ihren

140

Verstecken heraus, wenn die Hitze ein wenig nachgelassen hat. Viele von ihnen können über längere Zeit ohne Wasser auskommen. In diesem nördlichsten Landesteil Malis leben beispielsweise Dorkas- und Dama-Gazellen sowie die unmittelbar vom Aussterben bedrohten Addax-Antilopen – sie alle können von der spärlichen Vegetation leben. Räuber wie Schakale, Fenneks oder Wildkatzen sind ihre natürlichen Feinde. Auch die Vogelwelt ist hier nur mit wenigen Arten vertreten, wie etwa dem Strauß, verschiedenen Schwalben oder Spatzen. Unter den Reptilien sind vor allem die Warane erwähnenswert, die mit ihrer dicken Haut und schließbaren Augenschildern auch Angriffe giftspeiender Schlangen nicht scheuen, oder die Schildkröten, welche in der Nacht auf Beutejagd gehen.

Das menschliche Nutzungspotential der Wüstengebiete

Trotz der Lebensfeindlichkeit dieses Naturraumes sind Wüste und Wüstenrandgebiete Lebensraum für Menschen. Auf der Basis des Kamel-Nomadentums sowie der Schaf- und Ziegenhaltung ist die Wüste das Reich der Tuareg. Sie gelten bis in die Gegenwart als 'Herren' dieser Region, obwohl ihre einstige Bedeutung als Träger des transsaharischen Karawanenverkehrs nahezu verschwunden ist. Die natürliche Vegetationsarmut der Wüste und Wüstenrandzone setzt allerdings der nomadischen Weidewirtschaft enge Grenzen. Die karge Vegetation erlaubt keine intensive Beweidung und führt zu großen Distanzen zwischen den wenigen Weideplätzen.

Die Sahelzone Malis

Die spärlichen Niederschläge, wenn sie denn im Sahel überhaupt fallen, verdunsten rasch – oft sogar bevor sie den Boden erreicht haben. Das Wasserpotential ist dementsprechend sehr stark eingeschränkt. Die nachhaltig nutzbaren erneuerbaren ober- und unterirdischen Wasserressourcen hängen ausschließlich von den vorhandenen Wasserläufen ab. Die meisten Grundwasservorkommen dieser Regionen sind fossil, d.h. urzeitlichen Ursprungs und *nicht erneuerbar*. Der überwiegende Bodentyp des Sahel ist die subaride Braunerde, oft auch als »Steppenboden« bezeichnet. Dieser Boden enthält wenig organische Substanzen und ist dementsprechend durch einen geringen Nährstoffgehalt charakterisiert. Die Erosionsgefährdung dieser Böden, insbesondere durch Wind, ist außerordentlich hoch.

Schaubild 7

Die Sahelzone Malis

Die südlichen Teile der Sahelzone haben einen ausgeprägten Steppencharakter. Neben einjährigen Gräsern kommen Dauergräser vor, die in der Trockenzeit ihre pflanzliche Substanz bis auf die Wurzelstöcke reduzieren und so die wasserarme Zeit unterirdisch überdauern. Diese Gräser sind für die Erhaltung dieses Ökosystems sehr wichtig, denn sie stabilisieren mit ihrem Wurzelgeflecht die sandigen Böden. Auch wasserspeichernde Pflanzen und verschiedene Sträucher gedeihen in diesen Steppen. Größere Bäume sind nur noch selten anzutreffen.

142

Hirse – das tägliche Brot im Sahel.

>

*Traditionelle Hirseverarbeitung. Hier werden die Hirsekörner vom Kolben
gedroschen.*

>>

Die »technischen« Hilfsmittel der Frauen!

So wird die Spreu von den Körner getrennt.

Die Verarbeitung der Körner zu Mehl – eine harte Arbeit.

Feinarbeit am Mehl – sieben …

>

… und nochmal sieben.

Frau beim Knochen des traditionellen Hirsebreis.

In der Region von Gao sind 1'750'000 Hektar Dorn-
busch-Landschaft als partielles Wildtier-Reservat ausgeschieden worden. Im selben Vegetationsgürtel kommt auch
die bekannte »brousse tigrée« (»getigerte Buschlandschaft«)
vor, erkennbar an den regelmäßig angeordneten Vegetations-
bändern, die sich mit vegetationslosen Zwischenräumen ab-
wechseln.

Mit abnehmenden Niederschlägen gegen Norden wird
die Vegetation fleckenartig oder verschwindet teilweise fast
vollständig. Kram-Kram-Gras in Begleitung weiterer Gras-
arten sowie dornige, undurchdringliche Gebüsche und vereinzelte niedrige Akazien-Baumgruppen dienen den Tieren
als Futter. Mit wenigen Ausnahmen sind die Bäume laub-
werfend. Ihre Verbreitung beschränkt sich auf Stellen, wo
Wasser periodisch angesammelt wird.

Die Zahl der Tierarten ist in der Sahelzone wesentlich
geringer als in den südlich angrenzenden Savannengebieten.
Sowohl Dürreperioden als auch die Jagd haben der Tierwelt
stark zugesetzt. Nur in einigen wenigen Gebieten findet sich
noch die standortgerechte Fauna des Sahel mit Dorkka- und
Dama-Gazelle, Säbel- oder Oryxantilope, Elephant und Gi-
raffe. Sie werden von Fleckenhyänen, Großfleck-Ginster-
katzen, seltener von Löwen, Geparden oder Leoparden ge-
jagt.

Das menschliche Nutzungspotential der Sahelzone

Während im südlichen Sahel eine Mischform zwischen
Ackerbau und Weidewirtschaft existiert, bildet die Tierhaltung im nördlichen Sahel und den Wüstenrandgebieten die
einzige Existenzgrundlage. Der Ackerbau ist auf Bewässerung angewiesen und konzentriert sich somit hauptsächlich
auf die Flußgebiete. Der Anbau ist infolge der Unsicherheit
der Niederschläge mit einem hohen Ertragsrisiko verbunden.
Hirse wird mit speziellen sahelischen Sorten bis in Gebiete
mit 250 mm Jahresniederschlag angebaut. Zu spätes Einsetzen der Niederschläge, zu frühes Aussetzen derselben oder

143

zu lange Trockenphasen innerhalb der Wachstumsperiode können jedoch den Ertrag wesentlich vermindern.

Bei der Tierhaltung ist die Rinderzucht weit verbreitet. Daneben werden im nördlichen Sahel Schafe und Ziegen, in den Wüstenrandgebieten Kamele gehalten. Die Widrigkeiten des Klimas und die Lückenhaftigkeit der Vegetation machen große Wanderbewegungen der Herden erforderlich. Nomadentum ist deshalb die hauptsächliche Lebensform der Bevölkerung im nördlichen Sahel. Die geringe und unregelmäßige Produktivität der Weiden, insbesondere während der Trockenheit, führt zeitweise zu schwerwiegenden Mangelsituationen. In klimatisch günstigen Jahren werden die Herden oft vergrößert, aber in nachfolgenden Trockenjahren nicht mehr entsprechend reduziert. Dies hat unweigerlich eine starke Übernutzung des Weidepotentials zur Folge.

Typisch für den Sahelraum ist der Bevölkerungsdruck aus dem Süden. Immer mehr Flächen werden unter den Pflug genommen, immer weiter dringt der Ackerbau nach Norden vor. Er drängt dort, in Gebieten, die eigentlich für den Anbau nicht mehr geeignet sind, die Weidegebiete zurück. Der Anbau wird dadurch risikoreicher, die natürlichen Ressourcen werden zunehmend übernutzt. Als Folge davon haben Trockenjahre meist verheerende Folgen, dies wurde uns Anfang der siebziger und achtziger Jahre drastisch vor Augen geführt.

Die Flußgebiete Malis

Die Flußsysteme des Niger und im Westen des Senegal haben für Mali eine außerordentlich große Bedeutung, sowohl für den Naturhaushalt als auch für die menschliche Nutzung. Da im Einflußbereich dieser Gewässer ganz besondere, zum Teil für die betreffende Zone untypische und von der weiteren Umgebung abweichende Anbauverhältnisse bestehen, soll gesondert auf sie eingegangen werden, und zwar am Beispiel des Niger.

Als große Wasserader mit einer durchschnittlichen Wasserführung von 1550 Kubikmeter pro Sekunde (vgl.

144

Rhein bei Basel: 1034 Kubikmeter pro Sekunde), durchfließt
der Niger das Land von Südwesten nach Nordosten. Er bildet
bei Timbuktu und Gao je ein ausgeprägtes Flußknie und
verläßt das Staatsgebiet wieder im Südosten des Landes. Die
von Galeriewäldern oder Sumpfpflanzen dominierte Vegetation im Einflußbereich des Niger und seiner Zuflüsse beher-
bergt eine Vielzahl von Vögeln und Wassertieren. Da die
Quellregionen in der niederschlagsreichen, semihumiden,
südwestlich von Mali gelegenen Guineaschwelle liegen, führt
der Niger ganzjährig Wasser und transportiert wesentliche
Mengen dieses kostbaren Gutes in die nördlichen, trockeneren Gebiete. Für die Menschen ergibt sich dadurch ein hohes
Wasserangebot für jegliche Art der Nutzung. Insbesondere in
der Trockensavanne und im Sahel wird dies für die Bewässerung von landwirtschaftlichen Anbauflächen genutzt.

Schaubild 8

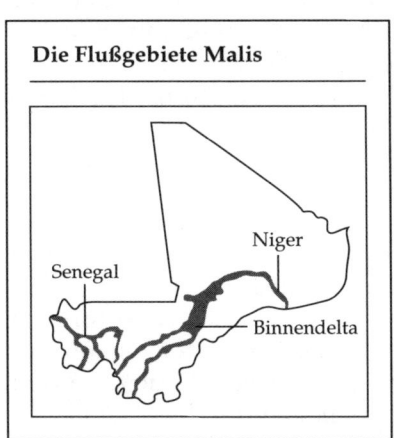

Die Flußgebiete Malis

Ganz besondere Verhältnisse herrschen im Niger-
Binnendelta vor, einer etwa hundert Kilometer breiten Zone
zwischen San und Timbuktu. Es handelt sich um eine Senke
mit außerordentlich geringem Gefälle. In der Regenzeit wer-

den dort bei Höchstwasserstand ca. 20'000 km², knapp zwei Prozent der Staatsfläche, überschwemmt. Damit wird durch natürliche Düngerzufuhr die hohe Bodenfruchtbarkeit der entsprechenden Gebiete aufrechterhalten, und gleichzeitig werden die Grundwasserschichten neu gespiesen.

Zur phantastischen Tierwelt des Binnendeltas gehören über 130 Fischarten, welche für die Region eine wichtige ökonomische Bedeutung haben. Jeden Herbst versammeln sich Millionen von Zugvögeln aus dem Norden in diesen Sumpfgebieten, um der nahrungsarmen und kalten Jahreszeit auszuweichen. Das Binnendelta bietet auch Nilpferden, Krokodilen und Fischottern einen idealen Lebensraum.

Das menschliche Nutzungspotential der Flußgebiete

Da die natürlichen Voraussetzungen im Niger-Binnendelta sehr günstig sind, wird es intensiv für die Landwirtschaft genutzt. Das Delta hebt sich deutlich von den umliegenden Gebieten mit ihren sehr eingeschränkten Möglichkeiten ab. Im Vordergrund steht der Überflutungsanbau, kombiniert mit Weidewirtschaft. Hier liegt das Hauptanbaugebiet von Reis, aber auch Gemüse und Weizen werden hier angebaut.

Im Oberlauf des Niger, also in den Gebieten der Feuchtsavanne, wurden die Flußläufe mit den Jahren in verschiedenen Stufen verbaut, um die jährlichen Hochwasserabflüsse aufzufangen und Wasser zur Bewässerung der nördlich gelegenen Gebiete während der Trockenzeit aufzusparen. Was der Landwirtschaft in diesen Gebieten nutzt, gefährdet die weiter flußabwärts liegenden Regionen:

Die fehlenden Überschwemmungen sind eine ernsthafte Bedrohung für das Niger-Binnendelta. Eine allmähliche Austrocknung des Gebietes hätte den Verlust einmaliger Pflanzen- und Tiergesellschaften sowie einer äußerst wichtigen, vom Reisanbau dominierten Kulturlandschaft zur Folge.

146

Die Savannen im Süden Malis

Das natürliche Potential der Savannen Malis nimmt von der Südgrenze der Feuchtsavanne bis zum Nordrand der Trockensavanne stark ab. In der Feuchtsavanne werden der Wassernutzung durch den Menschen noch keine wesentlichen Einschränkungen auferlegt; die Landwirtschaft ist größtenteils ohne Bewässerung möglich. In der Trockensavanne hingegen ist der haushälterische Umgang mit den Wasserressourcen absolut erforderlich. Die Gefahr der Übernutzung der Wasserressourcen ist in dieser Zone bereits beträchtlich.

Schaubild 9

Die Savannen Malis

Trockensavanne
Feuchtsavanne

Die roten tropischen Böden dominieren die Savannen des Südens. Die Besonderheit dieser Böden ist die Auswaschung von Tonmineralien in tiefere Bodenschichten. Tonmineralien sind aber für die Bodenfruchtbarkeit und damit für die landwirtschaftliche Nutzung von größter Bedeutung. Im Westen überwiegen die wenig entwickelten Rohböden. Beide Bodentypen schränken die landwirtschaftliche Nut-

147

zung ein. Im nordwestlichen Teil der Trockensavanne finden sich kleinflächig bereits subaride Braunerden. Schließlich sei noch auf das Gebiet westlich des Niger-Binnendeltas hingewiesen: Dort dominieren die Vertisole, das sind tonreiche, aufgrund der saisonalen Feuchtigkeitswechsel gut durchmischte Böden. Sie bilden sich oft in abflußträgen Senken oder weiten Ebenen und sind relativ nährstoffreich, jedoch sehr schwer zu bearbeiten. Alle Böden der Feucht- und Trockensavanne sind, mit abnehmender Tendenz gegen Norden, einer gewissen Wassererosion ausgesetzt.

Die Feuchtsavannen sind durch lichte, puzzleartige Wälder charakterisiert. Dichte Gras- und Krautschichten sind weitere Elemente der Vegetation. In dieser Zone befindet sich der einzige, 350'000 Hektar große Nationalpark von Mali (»Boucle du Baoulé«).

Die Waldlandschaft der Feuchtsavanne geht gegen Norden allmählich in das offene, von lockerstehenden Baumgruppen durchsetzte Grasland der Trockensavanne über. Die Bäume sind selten über zwanzig Meter hoch und haben eine knorrige Form. Im Unterschied zur Feuchtsavanne sind die Bäume der Trockensavanne ausschließlich laubabwerfend. Viele Nutzbaumarten wie der Gao-Baum, die Dum-Palme, der Karité-Baum, der Néré-Baum, der Baobab oder der Kapok-Baum verleihen der Landschaft ein parkartiges Aussehen. Diese Bäume werden vom Menschen angepflanzt und genutzt, während den natürlichen Waldformationen kaum ein Fleckchen guten Bodens überlassen wird.

Das Gesamterscheinungsbild der Trockensavannen wird stark von den jahreszeitlich anfallenden Regenfällen geprägt. Während in der Trockenzeit alles braun und ausgedorrt erscheint, verwandeln die laubwerfenden Bäume und die vielen Gräser die Landschaft während der Regenzeit in ein grünes Mosaik. Eine Gefahr für die Vegetation der Savannen sind die Buschbrände, die oft durch die Menschen ausgelöst werden und zur traditonellen Erschließung neuer Landwirtschaftsgebiete dienen. Durch den Harmattan, den trockenen, von der Sahara zur Atlantikküste wehenden

Nordostwind, werden diese Buschbrände häufig über große Strecken ausgebreitet. Dies hat erhebliche Zerstörungsfolgen für die Flora, nur einzelne Baumarten widerstehen der Einwirkung des Feuers dank ihrer Fähigkeit, aus Wurzeln neu auszuschlagen.

In den Savannen finden die verschiedensten Tiergruppen ihren idealen Lebensraum: Lauftiere, Raubtiere, Kleintiere, Vögel sowie Wassertiere an Flußläufen und Seen. Zahlreiche Affenarten sind vor allem in der Trockensavanne beheimatet. Am Übergang zum Regenwald weiden große Elephantenherden. Die extensive Landwirtschaft raubt vielen Tieren ihren Lebensraum und führt zu einem alarmierenden Artenrückgang.

Das menschliche Nutzungspotential der Savannen Malis

Während im Süden schwerpunktmäßig Ackerbau betrieben wird, haben im Norden Ackerbau und Viehhaltung etwa die gleiche Bedeutung und ergänzen sich. Die reichhaltige Palette von Anbaukulturen ist in der Feucht- und Trockensavanne ähnlich, aber mit unterschiedlichen Schwerpunkten und Erträgen.

Die wichtigsten Anbauprodukte sind Sorghum, Hirse, Mais, Reis, Erdnüsse und Baumwolle. Mengenmäßig untergeordnet und konzentriert auf die Feuchtsavanne ist der Anbau von Leguminosen, Wurzelgewächsen, Gemüse und Obst. Im folgenden sollen die wichtigsten Kulturpflanzen kurz charakterisiert werden:

Sorghum kann sich an ein weites Spektrum ökologischer Standortbedingungen anpassen. Der Anbau dieser Kulturpflanze ist deshalb sehr verbreitet. Sorghum toleriert sowohl Dürren als auch zu nasse Böden, wächst auf schweren, tonreichen Böden ebenso wie auf leichten, sandigen.

Hirse wird in verschiedenen Sorten von der Feuchtsavanne bis in den Sahel mit 250 mm Jahresniederschlag angebaut. Auch diese Kulturpflanze stellt keine spezifischen anspruchsvollen Standortbedingungen. Hirse ist zwar relativ

149

dürreresistent, aber recht empfindlich gegenüber Staunässe und Überflutung. Schwere, tonig-kleinkörnige Sande werden als Boden bevorzugt.

Mais stellt an seinen Standort wesentlich höhere Ansprüche als Sorghum und Hirse. Besonders empfindlich reagiert die Pflanze auf Feuchtigkeitsmangel: Sichere Erträge sind nur bei Niederschlagsmengen ab 800 mm pro Jahr ohne allzu hohe Variabilität zu erwarten. Anspruchsvoll ist Mais ebenfalls gegenüber den Bodenverhältnissen. Die besten Anbaubedingungen sind in den Feuchtsavannen im Südosten Malis gegeben. Infolge seiner (relativen) Resistenz gegenüber Insektenbefall und Vogelfraß während der Reifephase und wegen seiner hohen Erträge könnte Mais auf längere Sicht den Anbau von Sorghum und Hirse in der Feuchtsavanne und der südlichen Trockensavanne etwas zurückdrängen.

Reis wird neben dem Hauptanbaugebiet im Niger-Binnendelta vor allem in den Überflutungsniederungen entlang der Flüsse der Feucht- und Trockensavanne und des malischen Sahel angepflanzt. In kontrolliertem Bewässerungsanbau sind drei Ernten pro Jahr möglich. Infolge der Unsicherheiten im hydrologischen Zyklus sind diese Ernten allerdings mit großen Ertragsschwankungen verbunden.

Erdnüsse sind neben Baumwolle das wichtigste Exportprodukt Malis. Erdnüsse stellen aber hohe Ansprüche an die ökologischen Verhältnisse. Wichtigste ertragswirksame Voraussetzungen sind – in Abhängigkeit von den Niederschlägen – die richtige Terminierung von Saat und Ernte sowie eine ausgeglichene Wasserversorgung in der Wachstumsphase. Sowohl Regen während der Reifezeit als auch Trockenheit vor der Füllung der Fruchthülsen führen zu Ertragseinbußen. Ebenso hoch sind ihre Ansprüche an den Boden: Leichte, sandige Böden ohne Wasserstaueigenschaften und mit hohem Nährstoffangebot sind Voraussetzungen für erfolgreichen Anbau. Bei kontinuierlicher Kultivierung ohne Fruchtwechsel erfolgt rasch eine Bodenverarmung. Die südlichsten Regionen der Feuchtsavanne sowie der Norden der Trockensavanne sind für den Anbau von Erdnüssen nicht geeignet.

150

Der Anbau von *Baumwolle* verteilt sich je nach Standortbedingungen über das ganze Gebiet der Savannen. Die Pflanze gedeiht besonders auf gut entwässerten und gut durch-
lüfteten Böden, die nach Aussetzen des Regens Wasser speichern können.

Die natürlichen Voraussetzungen für den Anbau einer
reichhaltigen Palette wichtiger Kulturpflanzen sind in den
Savannengebieten Malis also gegeben. Das spezifische und
großen Schwankungen unterworfene Klimageschehen sowie
die mangelnde Bodenfruchtbarkeit machen den Raum jedoch
äußerst verwundbar gegenüber jeder Art der Übernutzung.
Nur Nutzungsformen, die diesem fragilen Ökosystem angepaßt sind, erlauben einen dauerhaften landwirtschaftlichen
Ertrag – jegliche Intensivierung stellt das Prinzip der Nachhaltigkeit im Sinne des »sustainable development« in Frage.

5.2 Die Landwirtschaftspolitik in Mali und ihr Einfluß auf die Nahrungsmittelproduktion

Nach Erlangung der Unabhängigkeit im Jahre 1960
schlug Mali einen radikalen sozialistischen Entwicklungs-
pfad ein. Die Regierung des Mobido Keïta (1960-1968) ver-
staatlichte Unternehmungen und landwirtschaftliche Betriebe, richtete Produzentenkooperativen und staatliche Han-
delsorganisationen ein, darunter das »Office Malien des Pro-
duits Agricoles (OPAM)«, dem das Monopolrecht für den
Getreidehandel übertragen wurde.[10] OPAM verkaufte das
Getreide über Konsumentenkooperativen, hauptsächlich an
Regierungsangestellte. Öffentliche Einrichtungen wie z.B.
die Armee oder Krankenhäuser wurden direkt von OPAM
beliefert. Um den privaten Güterverkehr zu verhindern, wurden während einer gewissen Zeit sogar Straßenblockaden
aufgebaut. Trotzdem wickelte OPAM auch in seinen besten
Zeiten nur 20-40 Prozent des gesamten malischen Getreidehandels ab.[11] Da nur 15 Prozent der Gesamtproduktion auf
den Markt kamen, war der Handelsanteil von OPAM stets auf
nur etwa 3-6 Prozent der Gesamtproduktion beschränkt.[12]

OPAM verkaufte zu »offiziellen« Preisen; die Konsumenten- und Produzentenpreise wurden – wie das auch in vielen anderen Ländern der Dritten Welt der Fall war und ist – von der Regierung festgesetzt. Die politische Rechtfertigung der festgesetzten Preise waren ländliche Einkommenssteigerung, die Versorgung der städtischen Bevölkerung mit billigen Getreiden (hauptsächlich Hirse und Sorghum) und die Finanzierung staatlicher Investitionen in anderen Sektoren. In Realität wurden nur die beiden letzteren Ziele verfolgt.

Weil die offiziellen Produzentenpreise niedrig blieben, um die städtische Bevölkerung ruhig zu halten, und die Einnahmen aus den ländlichen Gebieten in die Finanzierung überwiegend städtischer Vorhaben flossen, blieben die ländlichen Einkommen niedrig. Wo Bauern nicht mehr bereit waren, zu den vorgegebenen Niedrigpreisen freiwillig genügend Getreide an den Staat zu verkaufen, griff OPAM zum Mittel der Zwangsabgabe.[13]

Nach dem Sturz der Keïta-Regierung im Jahre 1968 wurden einige ihrer radikalen wirtschaftlichen Maßnahmen abgeschafft und die Monopolstellung von OPAM vorübergehend aufgehoben. Während der Dürrejahre in den frühen Siebzigern mußte Mali große Mengen Getreide einführen. OPAM mußte für den Teil der Importe, die nicht Nahrungsmittelhilfe darstellte, Marktpreise bezahlen, war jedoch verpflichtet, sie zu niedrigen offiziellen Konsumentenpreisen zu verkaufen – dies führte mit der Zeit zu einem enormen Budgetdefizit.

Im Versuch, die Getreideproduktion nach der Dürre wieder anzukurbeln, hob die Regierung zwar die offiziellen Produzentenpreise an, ohne jedoch die Konsumentenpreise proportional zu erhöhen. Folglich entstand 1976/1977 ein kumuliertes Budgetdefizit von CFA 20 Milliarden, ein Betrag von dreifacher Höhe der jährlichen Getreideverkäufe.[14] Nicht zuletzt unter dem Druck internationaler Hilfsorganisationen und der wichtigsten Entwicklungshilfe-Geberländer unternahm Mali im Jahre 1981 eine politische Reform, die sich auf die Restrukturierung des Getreidemarktes konzentrierte. Das Ziel war, die Preiskontrollen und das staatliche Monopol über Reis, Hirse und Sorghum aufzuheben. Die hinter diesen Maßnahmen stehende Hoffnung war eine Ankurbelung der einheimischen Produktion.

Getreidepreise sind in den meisten Entwicklungsländern, so auch in Mali, ein zweischneidiges Schwert: Auf der einen Seite sind niedrige Nahrungsmittelpreise für einkommensschwache Konsumenten, hauptsächlich in den Städten, überlebenswichtig und auch für die Entwicklung des Handwerks und der Industrie sowie für die innenpolitische Stabilität von Bedeutung. Sie sind jedoch für die Bauernschaft, die die Nahrungsmittel erzeugen muß, ein Übel, denn oft decken die offiziellen Abnahmepreise des Staates nicht einmal ihre Erzeugerkosten. Sollen die Bauern einen Anreiz haben, Nahrungsmittel über ihren Eigenbedarf hinaus für den Markt zu produzieren, so ist es meist unumgänglich, die Produzentenpreise zu erhöhen. Preise, die Anreizcharakter für die Bauern haben, können jedoch zu hoch sein für städtische Armutsgruppen – in solchen Fällen werden staatliche Subventions- oder Kompensationsprogramme für einkommensschwache Konsumentengruppen erforderlich. Dieser Weg wurde jedoch in Mali nicht beschritten, stattdessen wurde der Interessenkonflikt zwischen den Anreizen für die Landwirte und der Zufriedenheit politisch einflußreicher städtischer Gruppen so angegangen, daß OPAM die Rolle des Versorgers einer bevorzugten Klientel übernahm.[15]

Der nahrungspreisbedingte Interessenkonflikt existierte jedoch nicht nur zwischen ländlichen Erzeugern und städtischen Konsumenten. In der südlichen, regenreicheren Zone Malis, wo der Großteil der Produktionsüberschüsse anfällt, gehören nur 53 Prozent der landwirtschaftlichen Betriebe zu Endverkäufern von Getreide, während 43 Prozent Endverbraucher sind. Der Grund dafür liegt im Anbau von Exportkulturen (z.B. Baumwolle), die so hohe Einkommen erbringen, daß es sich für die Bauern rentiert, auf die eigene Nahrungsmittelproduktion zu verzichten und sich über den

Markt zu versorgen. Im nördlichen Teil Malis, wo die Niederschläge spärlich sind, hängt die Nahrungsmittelversorgung einer großen Zahl ländlicher Haushalte auch deshalb vom Markt ab, weil die eigene Nahrungsmittelproduktion zu niedrig ist.[16]

Es sind hauptsächlich die besser ausgestatteten ländlichen Betriebe, die die Kapazität haben, auf die Preiserhöhungen mit einer Erhöhung der Getreideproduktion zu reagieren. Diese ziehen es jedoch im allgemeinen vor, ihre Ressourcen in stabilere und rentablere Produktionssektoren, wie z.B. in Baumwolle, zu investieren. Die große Mehrzahl der Kleinbauern ist mangels Zugang zu produktivitätssteigernden Inputs (Düngemittel, moderne Saatsorten, Pflanzenschutz, u.a.) gar nicht in der Lage, auf die Anreize höherer Preise zu reagieren. Sie müßten zunächst einmal Zugang zu den erforderlichen Produktionsmitteln haben, aber auch die Aussicht auf einen zuverlässigen Erlös, um die gemachten Investitionen zu amortisieren. Heute ist bei bei der Mehrzahl der Kleinbauern keine Investitionskapazität vorhanden, sie sind einfach zu arm.

Die neue Regierung Malis wird sich vordringlich mit den Problemen der Landwirtschaft beschäftigen müssen, und mit der Frage, welche Rolle der Staat einnehmen soll und kann, um die Getreideproduktion des Landes zu stabilisieren. Davon wird die Motivation und die wirtschaftliche Ausgangslage aller für den Markt produzierenden landwirtschaftlichen Betriebe, aber auch die Versorgung der gesamten Bevölkerung abhängen.

Angesichts der prekären Ernährungslage der unteren Schichten der malischen Bevölkerung ist zu hoffen, daß ihre Nahrungsversorgung und somit das Überleben einer schnell wachsenden und immer ärmer werdenden Bevölkerungsschicht eine größere Priorität erhält, und nicht mehr, wie in der Vergangenheit, die Privilegiensicherung einer elitären Minorität auf Kosten der armen Masse.

5.3 Die Bedeutung von Saatsorten für die Nahrungsmittelproduktion

Für die steigende Nahrungsmittelverknappung durch das Bevölkerungswachstum scheint global, aber besonders in den Ländern der Sahelzone, Getreide die effizienteste Lösung zu sein: Mit Getreide kann die größte Nahrungsmittelmenge mit nahezu ausgeglichenem Nährwert für die Menschen produziert werden. Die modernen Agrarwissenschaften haben große Fortschritte in bezug auf die Steigerung und Stabilisierung der Getreideproduktivität gemacht, vor allem bei Reis.[17] Solche Forschungserfolge haben dazu geführt, daß Produktivitätssteigerungen nicht mehr allein durch extensiven Anbau auf guten Böden möglich sind, sondern auch auf marginalen Böden durch intensivierten Anbau, was besonders für Regionen wie die Sahelzone von größter Bedeutung ist. Jedoch erhalten Reis, Weizen und Mais die Hauptaufmerksamkeit, obwohl diese Kulturen allein nicht in der Lage sind, die wachsenden Nahrungsmittelbedürfnisse zu decken. Weder sind sie die nahrhaftesten Getreide noch produzieren sie – gemessen an ihrem Anforderungsprofil (Klima, Bewässerung, Bodenqualität, Pflege, etc.) – die größten Erträge. Dies ist um so bedauerlicher, als in den Sorten, die in den Ländern der Sahelzone heimisch sind, vornehmlich Hirse und Sorghum, das größte Potential steckt, zu einer Steigerung der lokalen landwirtschaftlichen Produktion beizutragen.

Obwohl in Mali ungefähr 1,5 Millionen Hektar Land (das entspricht etwa 75 Prozent der kultivierbaren Böden) dem Hirse- und Sorghum-Anbau gewidmet werden, ist die Selbstversorgung des Landes nicht gesichert: Das hohe Bevölkerungswachstum, die Stagnation der landwirtschaftlichen Produktion und die niedrigen Einkommen der ländlichen Bevölkerung stehen der Ernährungssicherung aus eigener Kraft entgegen. Die durchschnittlichen Erträge variieren außerdem beträchtlich je nach Region und jährlichen Niederschlägen. Die Schwankungen betragen zwischen 300 kg und 1000 kg pro Hektar.

Das Problem der Unterversorgung trifft hauptsächlich die große Zahl der in den trockenen Gebieten Malis lebenden Menschen, also die ohnehin schon ärmsten. Eine sozioökonomische Untersuchung, die im Jahre 1989 in der Region Cinzana durchgeführt wurde, stellte bei 32 Prozent der Haushalte eine Unterversorgung fest, ihnen standen weniger als 200 kg pro Kopf pro Jahr zur Verfügung.[18] Die voraussichtlichen Konsequenzen der mangelnden Ernährungssicherheit sind ein verstärkter ländlicher Exodus und eine immer größere Abhängigkeit von Außenhilfe.

Die Herausforderungen durch eine schnell wachsende Bevölkerung und die zunehmend schrumpfenden oder zumindest karger werdenden landwirtschaftlichen Produktionsflächen sind immens – die Bedeutung von Hirse- und Sorghum-Saatsorten, die höhere und konstantere Erträge ermöglichen, ist deshalb groß. Es lohnt sich, einen näheren Blick auf diese beiden, für die Sahelzone sehr zukunftsträchtigen, Nahrungsmittelkulturen zu werfen.

5.4 Hirse

Unter den Begriff »Hirse« fallen alle körnerliefernden Gräser (Gramineen), die zum Gebrauch als Nahrungsmittel für Mensch und Tier angebaut werden. Früher gehörten auch Sorghum und sogar Mais in diese Kategorie. Im Laufe ihrer Entwicklungsgeschichte erhielten jedoch Mais und später auch Sorghum einen eigenen Status, obwohl in vielen Teilen der Welt die Getreideproduktionsstatistiken Hirse und Sorghum noch unter dem Einheitsbegriff »Hirse« erfassen.[19] Die Weltproduktion der verschiedenen Hirsen belief sich nach Angaben der Ernährungs- und Landwirtschaftsorganisation der Vereinten Nationen (FAO) im Jahre 1990 auf fast 30 Millionen Tonnen.[20]

Hirse ist eine der ältesten, wenn nicht die älteste unter den Kulturpflanzen überhaupt. Alle kultivierten Arten stammen direkt oder indirekt von Wildarten ab. Archäobotaniker konnten durch Funde aus Zentralchina die Spuren der Hirsekultivierung bis ins Neolithikum (um 6000 v. Chr.) zurückverfolgen.[21] Auf den porösen Lößlehmböden und bei Niederschlägen von zwischen 250 mm und 500 mm (pro Jahr) wurden in verschiedenen chinesischen Provinzen um den Gelben Fluß Hirsen angebaut, und zwar überwiegend die beiden Gattungen *Panicum* (Rispenhirse) und *Setaria* (Borstenhirse). Die übliche Anbaumethode war der Hackbau mit Grabstökken. Reis kam erst viel später, um 3400 v. Chr. dazu. Doch nicht nur im Fernen Osten hatten die beiden Hirsen ihr Anbauzentrum, sie sind auch von Funden aus Mexiko (zwischen 4000 und 3500 v. Chr.) und aus der neolithischen Pfahlbautenzeit Europas bekannt.

Als Stammform der Borstenhirse wird die Wildart *Setaria viridis* gesehen, die sich durch eine brüchige Ähre von der Kulturart unterscheidet. Die Wildart, von der die Rispenhirse abstammt, ist *Panicum miliaceum*, die die Jahrtausende überlebt hat und heute noch als Unkraut auf Hirsefeldern zu finden ist. Sie ist daran zu erkennen, daß ihre Körner noch vor der Reifezeit abfallen. Verbesserte Nachkömmlinge von Wildpflanzen entstanden manchmal auf natürliche Weise, sie sind jedoch überwiegend das Ergebnis einer sorgfältig geplanten Selektion und Kultivierung durch den Menschen.

Die wohl älteste Technik der Verbesserung von Pflanzen ist die Selektion. In ihrer einfachsten Form besteht sie aus der Auswahl der vielversprechendsten Pflanze eines Feldes mit natürlicher genetischer Vielfalt und der Aussaat ihrer besten Keimlinge. Die Einführung einer Varietät aus einem anderen Anbaugebiet ist gewöhnlich die erste Phase der Sortenverbesserung. Sorten, die in einer anderen Region gut gediehen, können nur selten direkt verwendet werden. Sie sind meist den neuen Umweltbedingungen nicht angepaßt und müssen durch

Selektion und Züchtung erst 'zugeschnitten' werden. Diesen Evolutionsabschnitt bezeichnet man als »Domestikation«. Domestizierte Pflanzen unterscheiden sich durch Änderungen in ihrem Erbgut von den jeweiligen Wildarten.

Als Pflanze der Hackkultur wurden die Hirsen mit dem Aufkommen der Pflugkultur in die traditionellen Hackbaugebiete verdrängt. Dort spielen sie auch heute noch die wichtigste Rolle für die menschliche Ernährung. Ihre Anbaufläche betrug 1990 weltweit etwa 38 Millionen Hektar, davon liegen etwa 34 Millionen Hektar in den Entwicklungsländern, darunter 12,4 Millionen in Afrika und 20,6 Millionen in Asien, mit einer Produktion von 8,9 bzw. 16,6 Millionen Tonnen.[22]

Das durchschnittliche Ertragsniveau ist mit etwa 0,8 Tonnen pro Hektar (1990) niedrig.[23] Was die große Bedeutung der Hirse ausmacht, ist ihre extreme Anpassungsfähigkeit. Die unterschiedlichsten Hirsesorten haben sich weltweit völlig verschiedenen Anbaubedingungen angepaßt, sogar den ungünstigsten. Ihre physiologischen Merkmale – Anspruchslosigkeit, kurze Vegetationsdauer, relative Salz- und Trockenheitstoleranz – machen sie zur geeignetsten Getreideart für extreme Boden- und Klimabedingungen. Auf marginalen Böden ist Hirse durch kein anderes Getreide zu ersetzen. Im Sahel sind die verschiedenen Hirsesorten daher das dominierende Getreide: Im Tschad machen sie 88 Prozent, in Senegal 81 Prozent, in Mali und Niger je 77 Prozent der gesamten Getreideproduktion aus.[24] Ein weiterer großer Vorteil der Hirse ist die Tatsache, daß sie relativ wenig Feinde in Form von Schadinsekten und Pflanzenkrankheiten hat. Außerdem gibt es kaum eine andere Anbaukultur, die so dankbar auf geringste Verbesserungen ihrer Wachstumsbedingungen (Bewässerung, Maßnahmen zur Bodenanreicherung, etc.) reagiert.

Die Perlhirse

Die weitaus wichtigste Hirsesorte ist die Perlhirse (*Pennisetum americanum*). Sie wurde um 2000 v. Chr. in der Sahelzone domestiziert und gelangte etwa 1000 v. Chr. nach

Indien, wo sich ein zweites Zentrum der Artenvielfalt entwickelte.[25] Wahrscheinlich ist die Perlhirse von allen Hirsesorten diejenige, die am unempfindlichsten auf Trockenheit, Hitze, marginale Böden und semi-aride Wachstumsbedingungen reagiert. Sie liefert noch mit geringsten Regenmengen eine Ernte und kann somit auch noch in der nördlichsten Randzone des Sahel angebaut werden. Auf sandigen Böden können frühreife Sorten noch bei 180 mm Regen gedeihen. Um höhere Erträge zu erzielen, ist allerdings mehr Feuchtigkeit nötig. Bei genügender Wasserversorgung reagiert sie außergewöhnlich positiv auf hohe Bodenfruchtbarkeit. Mit der Ausnahme von Sorghum gibt es keine andere Getreideart, die aufgrund ihrer großen Anpassungsfähigkeit in so verschiedenen Ökosystemen angebaut werden kann.

Die Perlhirse hat einen hohen Nährwert: Pro 100 g eßbarer Substanz enthält die geschälte Perlhirse 356 Kalorien, 125 mg Magnesium, 269-290 mg Phosphor und 14,3-42,0 mg Eisen. An Vitaminen sind u. a. Vitamin B1 (Thiamin 0,30 mg) und Vitamin B2 (Riboflavin 0,16 mg) enthalten. Die Perlhirse hat auch einen relativ hohen Gehalt an Vitamin A (220 Einheiten in 100 g eßbarer Substanz). Der Eiweißgehalt aller Hirsen ist mit dem anderer Getreidesorten vergleichbar oder besser.[26] Leider tritt während der Verarbeitung der Hirse ein erheblicher Verlust an Nährstoffen ein. So verliert sie durch das Waschen und Trocknen bis zu 44 Prozent an Protein, 84 Prozent an Lipiden, 87 Prozent an Mineralstoffen und über 90 Prozent an Vitaminen.[27]

5.5 Sorghum

Äthiopien ist wahrscheinlich das Ursprungsland der Sorghum-Hirse, sie wurde dort bereits um 3000 v. Chr. angebaut und verbreitete sich von dort nach Ost- und Westafrika und in den Süden des Kontinents.[28] In alten indischen Schriften, so berichtet House, wird Sorghum schon im ersten Jahrhundert n. Chr. erwähnt; in der Zeit von 60-70 n. Chr. berichtet Plinius, daß Sorghum von Indien nach Italien eingeführt wurde.[29] Erst in der Mitte des 19. Jahrhunderts wurde Sorghum auf dem amerikanischen Kontinent domestiziert – dort werden heute 24,8 Millionen Tonnen, also über 40 Prozent der Weltproduktion (1990: 58,2 Mio Tonnen[30]) produziert.

Weltweit wurde Sorghum im Jahre 1990 auf 44 Millionen Hektar angebaut, etwa ein Drittel dieser Anbaufläche lag in Afrika (14,5 Mio ha), während in Asien auf 21,4 Mio Hektar Sorghum angepflanzt wurde. Damit ist Sorghum auch heute noch eine der wichtigsten Getreidekulturen der Welt: Nach Reis und Weizen stehen Hirse und Sorghum in Asien an dritter Stelle, in Afrika an zweiter nach Mais und Reis. Mitte der achtziger Jahre war Sorghum das fünftwichtigste Getreidenahrungsmittel der Welt, stand jedoch mit einem Anteil von 5 Prozent an der gesamten Getreideproduktion weit hinter Weizen, Mais, Reis und Gerste.

Sorghum hat eine große Artenvielfalt und Anpassungsbreite. Zusammen mit Hirse ist Sorghum die Hauptquelle von Kalorien und Protein für etwa 350 Millionen Menschen der semi-ariden Tropen.[31] Sorghum ist reich an Kohlehydraten, hat jedoch einen relativ geringen Proteingehalt.

Je nach Art der Verarbeitung dient es zur Brotherstellung (Indien, Afrika, Zentralamerika), als Brei (Ost- und Westafrika, sowie Indien), als Couscous (Westafrika, Sahel) oder zur Herstellung (alkoholischer und nicht-alkoholischer) Getränke (Wein: China, Korea; Bier: Afrika; anderes: Lateinamerika und Teile Afrikas). Im allgemeinen wird das weißkörnige Sorghum zur Nahrungsmittelherstellung benutzt, während das farbige eher der Bier-Herstellung dient.

Die Produktivität des Sorghum-Anbaus ist in den verschiedenen Anbaugebieten der Welt höchst unterschiedlich: Während in den USA (mit modernen Saatsorten, guter Düngung, Pflanzenschutz und angemessener Bewässerung) fast 4 Tonnen pro Hektar geerntet werden können, liegt der Durchschnittsertrag aller Entwicklungsländer bei knapp einer Tonne. Die Sahelländer liegen mit ihren Hektarerträgen zum Teil deutlich unter dem Durchschnitt der Dritten Welt: Mali (0,96 t/ha), Burkina Faso (0,73 t/ha), Tschad (0,57 t/ha),

Niger (0,32 t/ha) und Senegal (0,85 t/ha).[32] Der Grund für die riesigen Produktivitätsunterschiede liegt nicht nur in den traditionellen Saatsorten, die im Sahel verwendet werden, sondern auch in der Tatsache, daß Sorghum dort fast überall auf marginalen Böden angepflanzt wird.

5.6   Traditionelle Verarbeitung von Hirse und Sorghum

Die traditionelle Verarbeitung von Hirse und Sorghum ist eine stundenlange, harte körperliche Plackerei, die nur von Frauen und Mädchen ausgeführt wird – Tag für Tag. Dabei müssen zunächst mit voller Kraft und einem Stock die Körner vom Kolben gedroschen werden. Um die Körner dann von der Spreu zu trennen, wird das Gedroschene in eine Kalebasse gegeben und gegen den Wind in eine zweite Kalebasse geschüttet. Der Wind bläst Spreu und Staub davon, die Körner fallen in die Kalebasse. Dies muß so lange gemacht werden, bis die Körner frei von Staub und Spreu sind.

Geschält werden die Körner mit Mörser und hölzernem Stössel – eine zeit- und kraftraubende Arbeit. Um danach die Schalen von den Körnern zu trennen, wird das Korn gesiebt, falls kein Sieb vorhanden, auf einer Matte geschwungen.

Allein für das Stößeln und Schwingen brauchen zwei Frauen bei 2,5 kg Korn eineinhalb Stunden![33] Pro Kilogramm verarbeitetes Getreide haben sie einen Energieverbrauch von 20-49 Kilo-Joule.[34]

Nun muß das Korn gewaschen und in der Sonne getrocknet werden. Währenddessen haben die Frauen 'Zeit', einigen ihrer anderen Pflichten nachzukommen! So zum Beispiel das Putzen von Haus und Hof, Kinder versorgen, das Wasser und Brennholz holen, das sie zum Kochen brauchen, Kräuter oder Blätter sammeln, dem Mann bei seiner Feldarbeit helfen, und so weiter...

Mittlerweile dürfte die Hirse getrocknet sein, damit sie zu Mehl verarbeitet werden kann. Wieder wird im Mörser gestampft, oder die Körner werden zwischen zwei großen Steinen bis zur gewünschten Feinheit zerrieben. Dieser Arbeitsgang nimmt wiederum, je nach Größe, Form und Härte des Korns, zwei bis zweieinhalb Stunden in Anspruch[35] und fordert einen Energieaufwand von 36-46 Kilo-Joule pro Kilogramm verarbeitetes Korn[36]. Danach wird noch gesiebt, und fertig ist das Mehl – die Frau auch.

Doch die Familie wartet auf das Essen; also macht sie sich ans Kochen, bedient zunächst die männlichen Familienmitglieder, dann die Kinder. Ein paar Stunden vergehen schon noch, bis sie sich auch etwas stärken kann, damit sie noch die Kraft für weitere Arbeiten aufbringt. Ihren Energieverlust kann sie in den seltensten Fällen kompensieren.

Die drei wichtigsten Hirse- und Sorghumgerichte auf dem malischen Speiseplan sind wohl der traditionelle *tô*, *couscous* und *bouillie*. Der *tô* ist ein dicker, zäher Brei, dessen Zubereitung auch wieder einige Arbeitsgänge einschließt und dementsprechend Zeit kostet.[37] Er wird, in eine Sauce getunkt, mit der Hand gegessen. Die Sauce besteht, je nach Haushaltsbudget der Familie, nur aus Kräutern aus dem Garten und Blättern des Baobab, oder sie kann mit Fisch oder Fleisch angereichert werden.

Für *Couscous* wird das Mehl zu kleinen Klümpchen verarbeitet und gekocht. Je nach Region wird er anders zubereitet und mit anderen Zutaten bzw. Gemüsen gereicht.[38]

Bouillie, ein dicker oder dünner Hirsebrei, ist hauptsächlich eine Kindernahrung, aber auch eine Schonkost für kranke Erwachsene und alte Menschen. Als Frühstück oder Dessert ist der Brei, mit Milch und Zucker verfeinert, sehr beliebt.

5.7 Angebot und Nachfrage von Hirse und Sorghum in Mali

Angebot

Das Angebot von Hirse und Sorghum ist – wie bei allen anderen Getreidesorten – eine Funktion der Größe des bebaubaren Gebietes, der Verwendung von landwirtschaftlichen Geräten und Inputs, der Intensität der Bebauung und der

162

Anbautechniken sowie der agro-ökologischen Bedingungen (Bodenfruchtbarkeit, Niederschlagsmenge, Insektenbefall, Pflanzenkrankheiten, etc.). Ebenfalls von großer Bedeutung für die Angebotsmenge sind die Preise, die der Produzent mit seiner Ernte erzielen kann.

Die Produktion von Hirse hat sich in Mali auf verschiedene Weise entwickelt: Im Durchschnitt der Jahre 1978-81 lag die malische Produktion bei 461'000 Tonnen, sie stieg im Jahre 1988 auf eine Million Tonnen und sank danach wieder auf 695'000 Tonnen (1990) ab. Die Produktion von Sorghum stagniert seit 1988 zwischen 670'000 und 750'000 Tonnen – immerhin eine Verdoppelung seit den späten siebziger Jahren (1978-81: 341'000 Tonnen).[39] Nach heutiger Sicht der Dinge sind in den nächsten Jahren bei der Produktion und Produktivität keine spektakulären Verbesserungen zu erwarten.

Seit der großen Dürre im Jahre 1973 bestimmen Nahrungsmittelimporte die Bilanz des malischen Getreidekonsums. Reis und Weizen machen etwa 70 Prozent der Getreideimporte aus. Verantwortlich für die große Importabhängigkeit sind, wie dargelegt, die traditionellen Anbaumethoden bei schlechter werdenden Umweltbedingungen, unattraktive Abnehmerpreise, das hohe Bevölkerungswachstum sowie die Vernachlässigung der ländlichen Entwicklung. Nur eine strukturelle Veränderung bei mehreren Determinanten des Angebots würde eine prinzipielle Verbesserung möglich machen.

Nachfrage

Die Nachfrage nach Nahrungsmitteln wie Hirse und Sorghum hängt überwiegend von der Bevölkerungsgröße eines Landes, den Eßgewohnheiten und den verfügbaren Einkommen ab. Die jährlich um 2,5 Prozent wachsende Bevölkerung übersteigt bei weitem die gegenwärtige Produktionskapazität und die Möglichkeiten zur Angebotsausdehnung.

Getreide liefert in der malischen Ernährung ungefähr 70 Prozent der gesamten Kalorienzufuhr. Hirse, Mais und Sorghum haben an der Aufnahme von Getreidekalorien einen Anteil von 85 Prozent, die restlichen 15 Prozent werden durch Reis gedeckt.[40] Außer Hirse, Sorghum, Mais und Reis können nahezu alle anderen Nahrungsmittel als unerheblich in bezug auf ihren Beitrag zur Ernährung angesehen werden.

Die Nahrungsmittelversorgung der ländlichen Haushalte wird überwiegend durch die Eigenproduktion (Subsistenzproduktion) gewährleistet. Da sich die große Mehrzahl der Menschen im ländlichen Raum entweder durch Eigenproduktion versorgt oder nur sehr niedrige und unregelmäßige Einkünfte hat, besteht nur eine geringe Marktnachfrage. Daher kommen lediglich etwa 15 Prozent der gesamten Getreideproduktion überhaupt auf den Markt.[41] Wegen der Unregelmäßigkeit der Regenfälle und dem häufigen Auftreten von Pflanzenkrankheiten und Schädlingen, die oft ganze Ernten vernichten (wenn z.B. Heuschrecken über das Land herfallen), sowie aufgrund der Tatsache, daß es keine ausreichenden Lager- und Transportmöglichkeiten gibt, mit denen in Notfällen Ausgleich geschaffen werden könnte, ist die Ernährungssituation der ländlichen Bevölkerung immer wieder von kurzfristigen Engpässen geprägt.

In den stark und dicht bevölkerten städtischen Gebieten kann die Mehrzahl der Menschen ihren Nahrungsmittelbedarf naturgemäß nicht durch Subsistenzproduktion sichern und ist daher vom Markt abhängig. Da die überwiegende Mehrzahl auch der in Städten lebenden Menschen Malis arm ist, machen die Ausgaben für Getreide eines durchschnittlichen städtischen Haushaltes etwa 35-42 Prozent der Gesamtausgaben aus. Die Getreidepreise beeinflussen somit die verfügbaren Einkommen der städtischen Bevölkerung in hohem Maße.[42] Das führt die politische Sensibilität eventueller Preiserhöhungen deutlich vor Augen.

Die Gesellschaft der städtischen Zentren kann – stark vereinfacht – in drei Schichten unterteilt werden: in Bezieher von hohen, mittleren und niedrigen Einkommen. Obwohl die Oberklasse und der Mittelstand im Vergleich zur großen Masse der armen Bevölkerung eine Minderheit darstellen, haben ihre Ernährungsgewohnheiten einen großen Einfluß auf die wirtschaftliche Situation im Land. Ihre Nachfrage nach importierten Nahrungsmitteln belastet die Devisensituation des Landes und wirkt sich über den Demonstrationseffekt negativ auf das inländische Produktionsniveau aus.

Der preisgünstig importierte Reis – sein Preis liegt, obwohl nach einem langen See- und Landtransport aus Asien herangeschafft, meist nicht viel über den Preisen lokaler Getreide – wird in Städten bevorzugt konsumiert. Die äußerst nachteiligen Folgen für die Motivation der lokalen Getreideproduzenten, inklusive der einheimischen Reisbauern, sind offensichtlich.

Die oft gemachte Aussage, daß Reis ein Luxusnahrungsmittel der wohlhabenderen Bevölkerungsschichten ist, während Hirse hauptsächlich von den Armen konsumiert wird, läßt sich empirisch nicht erhärten. Reis ist zwar, sowohl preislich als auch in bezug auf das Niveau der Kalorienzufuhr bei einer gegebenen Menge, etwas teurer als Hirse oder Sorghum, erfreut sich aber dennoch wachsender Beliebtheit. Die Gründe liegen in der bequemeren Herstellung von Reisgerichten (im Gegensatz zu Hirsegerichten ist praktisch keine physische Arbeit erforderlich), im geringeren Zeitaufwand und den niedrigeren Kosten der Zubereitung (z.B. Brennmaterial).[43] In den Städten ist Brennstoff (Holzkohle oder Brennholz, und erst recht Butangas oder Petroleum) teuer.

Da in den Städten Malis mehr und mehr Frauen auch außer Haus erwerbstätig sind, so daß ihnen weniger Zeit zur Nahrungsmittelzubereitung (beispielsweise den traditionellen *tô*) zur Verfügung steht, ist die Bequemlichkeit der Zubereitung ein wichtiges Argument für die Auswahl der Nahrungsmittel.

Für die Ernährung einer ortsüblichen Großfamilie mit Hirse- oder Sorghum-Mahlzeiten wird eine viermal größere

Menge Getreide benötigt, als bei einer Reismahlzeit, denn Reis gewinnt durch das Kochen mehr Volumen als Hirse oder Sorghum. Daß dies zwar der Bequemlichkeit der Herstellung dienen mag, jedoch aus der Sicht einer angemessenen und ausgewogenen Ernährung eher ein Nachteil ist, da durch die geringere Reismenge der Kalorien- und Proteingehalt einer durchschnittlichen Mahlzeit negativ beeinflußt wird, sei hier nur am Rande erwähnt.

Da aus der Sicht der Konsumenten die Kosten für das Mahlen (Stampfen) der Hirse, für den Brennstoff, sowie die anfallenden Kosten der Vorbereitungszeit zum Kaufpreis dazugerechnet werden müssen, reduzieren sich eventuell noch bestehende Preisunterschiede zwischen importiertem Reis und lokal produzierter Hirse oder kompensieren diese ganz.[44]

5.8 Begrenzungsfaktoren des Hirse- und Sorghum-Anbaus

Unter »Begrenzungsfaktoren« werden hier alle (wirtschaftlichen, technischen, ökologischen und anderen) Einflüsse auf den Anbau von Hirse und Sorghum verstanden, die sich negativ auf die Produktionsmenge und -qualität auswirken.

Sozio-ökonomische Begrenzungsfaktoren

Die Produktionshöhe pro Hektar hängt auch bei Hirse und Sorghum zunächst einmal von der Qualität der verwendeten Saatsorten und danach von der unterstützenden Nutzung angemessener landwirtschaftlicher Produktionsmittel (Düngemittel, Pflanzenschutz, Hilfsgeräte) ab. Ob in ausreichendem Maße landwirtschaftliche Produktionsmittel eingesetzt werden, hängt wiederum von ihrer Rentabilität in einer bestimmten agro-ökologischen Umwelt und den institutionellen Rahmenbedingungen (Zugang zu Kredit, Marktstrukturen und Produzentenpreise) ab.

Die Rahmenbedingungen für eine Erhöhung der Produktivität des Hirse- und Sorghumanbaus sind in Mali bis heute nicht günstig. Da aufgrund großer Klimaschwankungen das Risiko einer schlechten Ernte stets groß ist, wird sehr wenig Dünger verwendet, u. a. deshalb, weil dessen Preis im Verhältnis zum erzielbaren Mehrertrag zu hoch ist. Die meisten Hirse- und Sorghumbauern sind einfach zu arm, als daß sie nach Abzug der Steuern und der Ausgaben für den Lebensunterhalt ihrer Familien noch Investitionsmittel zur Verfügung hätten. Moderne landwirtschaftliche Geräte werden nur dort eingesetzt, wo rentable Kulturen (für den Export) wie z.B. Baumwolle und Erdnüsse angebaut werden, da hier die höheren Einkünfte Investitionen dieser Art erlauben.[45]

Institutionen, die den Kleinbauern und Kleinbäuerinnen günstige Kredite zur Anschaffung von landwirtschaftlichen Inputs zur Verfügung stellen oder die Risiken einer schlechten Ernte mit den Bauern teilen, gibt es kaum. Dort, wo Kredite an Kleinbauern vergeben werden, tauchen schon bei geringfügigen Abweichungen der Niederschläge oder wegen unerwarteten Schädlingsbefalls Rückzahlungsschwierigkeiten auf. In solchen Fällen müssen die betroffenen Bauern auf ihre Substanz zurückgreifen, d.h. sie müssen einen Ochsen, einen Karren oder sonstige Habseligkeiten verkaufen, um den Kredit zurückzuzahlen.[46]

Auch die Qualität der verwendeten Hirse- und Sorghum-Saatsorten läßt viel zu wünschen übrig. Hirse und Sorghum werden bis heute, im Gegensatz zu Baumwolle und Erdnüssen, von den Produzenten als Subsistenzkulturen und nur in wenigen Fällen als Marktkulturen betrachtet. Sie werden deshalb in niedrigen Mengen und höchstens dann verkauft, wenn eine Notsituation Geld-Einkünfte erforderlich macht. Ansonsten neigen die Bauern Malis dazu, nach der Deckung der Nahrungsmittelbedürfnisse der Familie in andere, einträglichere Kulturen und nicht in den weiteren Hirse- und Sorghum-Anbau zu investieren, da die staatlich fixierten Preise einfach zu unattraktiv für sie sind.

Ein weiterer, für die ärmeren Kleinbauern höchst unangenehmer Faktor ist die große saisonale Schwankungsbreite der Preise von Hirse und Sorghum. Fallen die Erträge gut aus, besteht unmittelbar nach der Ernte – zum Teil wegen der mangelhaften Lagerinfrastruktur, zum Teil aber auch wegen der großen Not, die einen sofortigen Verkauf erforderlich macht – ein saisonales Überangebot auf dem Markt, das die Preise und somit die Einkommen der Produzenten herunterdrückt. Die Bauern, deren Hirse- und Sorghum-Produktion zu niedrig ist, als daß sie sich selbst bis zur nächsten Ernte versorgen können, werden doppelt geschädigt: Sie müssen nicht nur nach ihrer Ernte zu niedrigsten Preisen verkaufen, sondern auch in der Zeit vor der nächsten Ernte zu erheblich höheren Preisen zukaufen, um sich und ihre Familien zu ernähren. Die Konsequenzen dieser Verkaufs- und Kaufsnotwendigkeiten sind die massenweise Verarmung sowie die Erosion jeglicher, ohnehin schon geringer Investitionskapazitäten.

Im Gegensatz dazu können Überschußproduzenten ihr Getreide lagern und es dann verkaufen, wenn die Zeit dafür am günstigsten ist, d.h. zum höchsten Preis in der Zeit zwischen voriger und nächster Ernte.[47] Staatliche oder doch zumindest genossenschaftliche Investitionen in geeignete (dezentrale) Lagerinfrastruktur könnten hier einen wesentlichen Beitrag zur Einkommensstabilisierung der kleinbäuerlichen Hirse- und Sorghumproduzenten leisten.

In dieser Situation und aus den aufgezeigten Gründen neigt der Kleinbauer Malis dazu, sein Risiko zu minimieren. Er wählt somit seine Saatsorten nach den Kriterien Geschmack, Anpassungsfähigkeit und Widerstandsfähigkeit. Da er – bei Hirse und Sorghum – nicht auf eine Maximierung seiner Ernte abzielt, ist ein höheres Produktivitätspotential einer neuen Saatsorte nur sehr selten ein Auswahlkriterium. Sollte aus irgendwelchen Gründen doch eine Notwendigkeit zur Erhöhung der kleinbäuerlichen Hirse- und Sorghum-Produktion entstehen, so wird die Erhöhung der Ernte nicht über eine Intensivierung das Anbaus angestrebt, sondern die Anbaufläche wird auf marginale Böden ausgedehnt, also zusätzliches Land unter Bebauung genommen.

Ökologische Begrenzungsfaktoren

Neben diesen wirtschaftlichen und institutionellen Problemen behindern alle für die Sahelzone relevanten ökologischen Faktoren die landwirtschaftliche Produktion Malis:[48]

- Zu geringe Niederschlagsmengen. Das Niederschlagsdefizit ist zu Beginn und am Ende der Regenzeiten am akzentuiertesten. Doch es ist die Trockenheit am Ende des Zyklus, die die Produktion am meisten beeinflußt.
- Niederschlagsschwankungen in Zeitpunkt und Dauer.
- Unvorhersehbare Dürreperioden. Mali erlebte in diesem Jahrhundert mehrere ausgeprägte Dürreperioden: 1910-1916, 1944-1948, 1968-1973 und 1979-1984. Eine mäßige Dürre kann in Mali zweimal innerhalb von zwei bis fünf Jahren auftreten. Folglich ist es wichtig, daß die Trockenheit als eine Gegebenheit im Ökosystem des Landes bzw. der ganzen Sahelzone betrachtet wird.
- Geographisch ungleichmäßige Niederschlagsverteilung innerhalb der Regenzeit.
- Geringer Gehalt an organischer Substanz im Boden.
- Gefahr der Bodenschädigung durch Wasser- und Winderosion, und
- verzögerte Bodenregeneration nach dessen Schädigung.

Biologische Begrenzungsfaktoren[49]

- Insektenbefall
  Die in der Sahelzone am weitest verbreiteten Schadinsekten sind Raupen und die spanische Fliege, die in einigen Regionen die Aufgabe der Hirsekultur zur Folge hatte. Außerdem ist auch Mali von periodischen Heuschreckenplagen bedroht, die eine Ernte in kürzester Zeit völlig vernichten können.
- Pflanzenkrankheiten
  Die häufigsten Pflanzenkrankheiten, von denen Hirse- und Sorghumkulturen befallen werden, sind Pilzer-

krankungen. In Mali ist der »falsche Mehltau« am virulentesten. Der Getreidebrand ist die zweithäufigste Krankheit; danach der Mutterkornpilz, der jedoch nur sporadisch auftritt.

- Parasitäre Wildpflanzen
Der durch Unkräuter hervorgrufene Schadanteil kann bei Hirsen 60-70 Prozent betragen. Die Schadwirkung von Unkräutern besteht primär darin, daß sie den Anbaukulturen Raum, Licht und Wasser streitig machen. Parasitäre Unkräuter zehren zusätzlich noch von den Nährstoffen der Nutzkulturen. Halbparasitäre Unkräuter beziehen ihren gesamten Wasser- und Nährstoffbedarf, Vollparasiten auch ihre Stärke von den Wirtspflanzen.[50] Die für Hirse und Sorghum gefährlichste Pflanze ist die *Striga*, ein Halbparasit. *Striga* ist die lateinische Bezeichnung für einen Nachtvogel (bzw. in orientalischen Legenden für einen Vampir), der sich des Nachts vom Blut unbeaufsichtigter Kinder ernährt. Dieses parasitäre Unkraut lebt von den Nährstoffen seiner Wirtspflanzen durch eine direkte Verbindung zu deren Wurzeln. Die Striga ist seit dem 18. Jahrhundert bekannt; bis 1988 wurden 40 Spezies identifiziert, von denen drei in ganz besonderem Maße die Ernten bedrohen.[51]
Striga hermenthica ist besonders virulent in Mali. Jede Pflanze produziert 40'000-100'000 winzigste Samen, die durch Wind, Menschen und Tiere verbreitet werden. Die Samen können im Boden bis zu 10 oder gar 20 Jahre überleben. Das Unkraut zeichnet sich außerdem durch eine bemerkenswerte genetische Vielfalt aus, die es ihm ermöglicht, sich rasch an verschiedene Standorte und verschiedene Wirtspflanzen anzupassen. Trockenheit verschärft die Wirkung dieses Halbparasiten, denn gestreßte Kulturpflanzen sterben früher durch den Verlust ihrer Nährstoffe.[52]
- Vogelfraß
Hirsen und Sorghum sind bei Vögeln sehr beliebt, sie verursachen daher die größten Ernteverluste. Um grö-

ßere Schäden zu verhindern, bleibt nur die Abschrek-
kung der Vögel auf dem Feld oder der Anbau »vogel-
resistenter« Sorten, die wegen ihrer kräftigen langen
Borsten und langen Spelzen sowie einer dunklen Spel-
zen- und Kornfarbe wenig attraktiv für Vögel sind.

- Schwache Produktivität der lokalen Sorten
  Die traditionellen, lokalen Sorten Malis sind den spezifischen Anbaubedingungen angepaßt und entsprechen
  dem Geschmack des Verbrauchers. Sie haben ein kräf-
  tiges Wurzelsystem, das es ihnen erlaubt, die minerali-
  schen Elemente in Böden mit niedrigem Fruchtbar-
  keitsniveau effizient zu nutzen. Sie sind auch optimal in
  der Lage, die jeweils vorherrschenden Niederschlags-
  bedingungen zu tolerieren. Ihr großer Nachteil ist, daß
  sie niedrige Erträge bringen und schlecht auf notwendige Intensivierungsmaßnahmen reagieren.[53]

6 Qualitätssaatgut für den Sahel

Erforschung, Züchtung und Vermehrung neuer Hirse- und Sorghumvarietäten in Mali

Die besorgniserregend niedrige landwirtschaftliche Leistung in Mali ist nicht nur auf die unvorteilhaften ökologischen Rahmenbedingungen, eine unangemessene Landwirtschafts- und Preispolitik sowie auf technologische Mängel zurückzuführen, sondern auch auf weltwirtschaftliche Gegebenheiten (internationale Rohstoffpreise, Zinsniveau, Währungsschwankungen, etc.), auf die Mali keinen Einfluß hat. Keine nationale Entwicklungspolitik, und sei sie noch so gut, kann nachhaltig positiv gestaltet werden, wenn die zur Verfügung stehenden finanziellen Mittel schrumpfen, weil die Preise der Exportgüter des Landes einem stetigen Erosionsprozeß unterliegen, während die Preise der notwendigen Importgüter immer nur steigen.

Dort jedoch, wo die politisch Verantwortlichen der betroffenen Länder durch ihre Entscheidungen direkten Einfluß nehmen können und wo – aus lokalen Mitteln oder ergänzt durch Mittel der internationalen Entwicklungszusammenarbeit – die betreffenden Institutionen durch entsprechende Projekte und Programme zur Verringerung lokaler Mißstände beitragen können, muß konsequentes und nachhaltiges Handeln eingefordert werden. Andernfalls sind zukünftige Katastrophen – beispielsweise Hungersnöte in der Sahelzone – nicht zu vermeiden.

Für Mali und die meisten anderen Sahelländer wäre eine generelle Umorientierung der Entwicklungspolitik erforderlich, und zwar in einer Richtung, die eine angemessene ländliche Entwicklung und die Probleme der Kleinbauern ins Zentrum der Bemühungen stellt. Aufgrund der sehr jungen Alterstruktur der Bevölkerung in Mali und in anderen Sahelländern (fast 47 Prozent der Bevölkerung sind jünger als

15 Jahre) ist ein hoher absoluter Bevölkerungszuwachs für die nächsten 10 bis 15 Jahre vorprogrammiert.[54] Allein schon um mit dem heutigen und zukünftigen Bevölkerungswachstum Schritt zu halten, d.h. noch ohne das Ziel, die Eigenversorgung auf nachhaltiger Basis zu sichern, müßten in der Sahelzone die jährlichen Erträge um mindestens 2,5 Prozent pro Jahr steigen. Längerfristig muß es daher – neben allen erforderlichen politischen und technischen Reformen in der Landwirtschaft – zu einer Verminderung des hohen Bevölkerungswachstums durch eine markante Senkung der Geburtenraten kommen, ansonsten besteht die Gefahr, daß alle anderswo gemachten Fortschritte wie von einem trockenen Schwamm aufgesogen werden.[55]

Neben den aufgezeigten politischen und institutionellen Reformen und einer Senkung des Bevölkerungswachstums ist aber auch ein angemessener technischer Fortschritt für die Landwirtschaft der Sahelzone unverzichtbar:

Da eine Ausdehnung der landwirtschaftlichen Nutzfläche immer schwieriger wird, wird die Aufgabe, nach neuen Möglichkeiten zur Erhöhung der Hektarerträge zu suchen, immer dringlicher. Die Sicherung der (gestiegenen) Erträge steht an zweiter Stelle der Prioritätenliste: Diese Prioritäten verleihen der einheimischen Saatforschung und den nachgelagerten Züchtungsarbeiten, vorab bei Hirse, ein außerordentlich großes Gewicht. Züchterische Maßnahmen mit dem Ziel der Ertragssteigerung und der Erhöhung der Ertragssicherheit haben für Entwicklungsländer eine Reihe entscheidender Vorteile:

Zunächst lassen sich Verbesserungen, die durch Saatforschung und Züchtung zustande kommen, in der landwirtschaftlichen Praxis einführen, ohne daß zuvor die zwar notwendigen, aber bekannterweise sensiblen politischen und wirtschaftlichen Reformen durchgeführt sein müssen. Wenn z.B. durch die Einführung neuer, trockenheitsresistenter Hirsesorten die zukünftige Nahrungsmittelproduktion in ariden Zonen wieder möglich wird, also dort, wo heute traditionelle Sorten aufgrund der reduzierten Niederschläge nicht mehr gedeihen, dann ist dies für die Menschen in der Sahelzone ein unzweifelhaft positives Faktum. Auf diesem läßt sich auch dann aufbauen, wenn sich bei den Beratungsdiensten für Kleinbauern, bei den Preisen und anderen wirtschaftlichen und sozialen Rahmenbedingungen (leider) nichts verändert hat.

Auch hinsichtlich des Kosten-Nutzen-Verhältnisses haben züchterische Maßnahmen einen Vorteil: Keine andere Investition ist so rentabel wie der Aufwand für die Züchtung. Hinzu kommt eine hohe Akzeptanz bei der ländlichen Bevölkerung, da sie in der Regel züchterisches Verständnis aufbringt.

Größere Ertragssicherheit und die Verringerung der jährlichen Ertragsschwankungen kann durch den Anbau von neu entwickelten Saatsorten erreicht werden – Saatsorten, die z.B. gegenüber schlechter Bodenqualität, unzureichenden Niederschlägen und biologischen Schadfaktoren (Krankheiten oder Schädlinge) resistent oder tolerant sind.

6.1 Resistenz bzw. Toleranz gegenüber ökologischen Begrenzungsfaktoren[56]

Auch wenn Hirse und Sorghum relativ anspruchslose Nahrungsmittelkulturen sind, so wirkt sich doch ein ungenügendes Wasserangebot nachteilig auf ihre Produktivität aus. Selbst Pflanzen, die Mechanismen zur Überdauerung von Trockenperioden (Trockenresistenz) entwickelt haben, liefern höhere Erträge, wenn sie angemessen mit Wasser versorgt werden.

Trockenresistenz bedeutet in der Landwirtschaft die Fähigkeit einer Pflanze, trotz Wassermangel einen für den Bauern aus wirtschaftlicher Sicht attraktiven Ertrag zu erbringen. Züchterische Maßnahmen zur Erhöhung der Trockenresistenz nutzen die verschiedenen Mechanismen von Pflanzen, die Trockenphase zu überdauern:

- Gewisse Pflanzengruppen – zu ihnen gehören Gerste und die meisten Hirsen – *entrinnen* der Trockenheit

174

Ein Hirse-Testfeld der Station de Recherche Agricole in Cinzana, Mali.

Die Striga, genau so schön (links)
wie gefährlich im Hirsefeld (oben).

Der Stengelbohrer – er hat einen vernichtenden Appetit auf Hirse.

*Traditionelle Bodenbearbeitung auf den Testfeldern der
Saatforschungsstation Cinzana: hier wird gehackt und gejätet.*

Testfeld für Düngetechniken mit kompostierten Hirsestengeln.

*Die 1989er Hirseernte der Forschungsstation. Die Erträge der jeweiligen
Testfelder werden separat verpackt und zur labortechnischen Untersuchung
gebracht.*

Qualitätskontrolle des Erntegutes im Labor.

durch ihre kurze Vegetationszeit; sie werden also reif, bevor eine Trockenperiode einsetzt.

- Andere Sorten *vermeiden* übermäßigen Wasserverlust, indem sie mit der ihnen zur Verfügung stehenden Feuchtigkeit haushälterisch umgehen. Dazu verhilft ihnen eine senkrechte Blattstellung, oder sie entwickeln tiefreichende Wurzelsysteme (z.B. Sorghum).
- Ein dritter Mechanismus ist die *Trockentoleranz*. Trockentolerante Pflanzen bilden einzelne Zellen kleiner und die Zellwände kräftiger aus und ertragen dadurch die Herabsetzung des Wassergehaltes. Von den Kulturpflanzen gehört nur Sorghum in diese Kategorie.

Das Ziel, Sorten zu entwickeln, die bei geringem Wasserverbrauch oder gutem Wasseraufnahmevermögen akzeptable Erträge liefern, wird in der Regel durch Kombination der oben genannten physiologischen Mechanismen erreicht. Angesichts der spärlichen und unberechenbaren Niederschläge in allen Ländern des Sahel ist die Züchtung von trockenresistenten Kulturpflanzen für die Menschen der betreffenden Gebiete von größter Bedeutung.

6.2 Resistenz bzw. Toleranz gegenüber biotischen Begrenzungsfaktoren[57]

Pflanzenkrankheiten, tierische Schädlinge und Unkräuter sind zwar Begrenzungsfaktoren völlig anderer Natur, jedoch ebenfalls eine erhebliche Gefährdung für die potentielle Ertragsleistung von Kulturpflanzen. Aufgabe des – wie auch immer gearteten – Pflanzenschutzes ist es, diese Begrenzungsfaktoren in ihrer Wirkung auf wirtschaftlich annehmbare Art und Weise einzuschränken. Die Anforderungen an den Pflanzenschutz steigen in dem Maße, wie die Erträge durch Bewässerung, verbesserte Bodenbearbeitung, Düngung und züchterische Leistungen steigen. Die stagnierende Hirse- und Sorghum-Produktion in Mali beruht nicht unwesentlich auf Ertragsverlusten durch den falschen Mehltau und die Striga.

Neben Kulturmaßnahmen zum Schutz von Pflanzen (Feldhygiene, Saatsortenwahl, verbesserte Bodenbearbeitung, Beachtung des optimalen landwirtschaftlichen Kalenders, der Vegetationsdauer und des Erntetermins, etc.) hat sich die Züchtung resistenter Kulturpflanzen als erfolgreiche Waffe gegenüber Viren, Bakterien und Pilzen erwiesen.[58] Ohne hinreichende Sortenresistenz ist integrierter Pflanzenschutz vielfach nicht möglich. Bei der Züchtung tritt das Ziel eines hohen Ertragspotentials meist hinter das Ziel der Ertragssicherheit zurück. Resistente Kulturpflanzen sind für den Pflanzenbauer kostengünstig, verlangen keine besonderen Kenntnisse und sind ohne nachteilige Auswirkungen auf die Umwelt sofort anwendbar. Die Resistenzzüchtung ist allerdings keine kurzfristige Angelegenheit, es kann – unter traditionellen Arbeitsbedingungen – bis zu 15 Jahre dauern, bis resistente Sorten aus der Forschung hervorgehen. Schnellere Ergebnisse werden von der Gentechnik erwartet.[59]

Die Bekämpfung des Halbparasiten *Striga* erfolgt herkömmlicherweise durch Hacken und Jäten, sobald die Schößlinge sichtbar sind. Da das Unkraut auf den Wirtspflanzen jedoch schon ein bis zwei Monate parasitiert, bevor der Striga-Befall sichtbar wird, sind oft schon irreversible Schädigungen geschehen. Mit Hacken und Jäten kann dann nur noch die Fortpflanzung des Parasiten verhindert werden. Herbizide können Striga-Befall effizienter kontrollieren, setzen jedoch voraus, daß die Wirtspflanzen gegen das Herbizid resistent sind, oder daß die Herbizide selektiv wirken, d.h. das Unkraut beseitigen, ohne die Kulturpflanze zu schädigen.[60] Ein Herbizid, das selektiv gegen Striga wirkt, gibt es jedoch heute noch nicht.

Eine andere Möglichkeit, Striga zu kontrollieren, liegt in der Veränderung der Fruchtfolge, d.h. in einem Fruchtwechsel mit Kulturen, die von Striga nicht parasitiert werden können. Dieser natürliche Schutz ist jedoch in der Praxis schwer umzusetzen, zum einen, weil Striga viele Pflanzenarten befällt, zum anderen, weil die vom Bauern ausgewählte Hauptanbaukultur für ihn kompromißlos die wichtigste ist.

176

Da die Samen der Striga im Boden Jahre ausharren, so daß sie jederzeit wieder ihre bevorzugte Wirtspflanze befallen kann, ist der Fruchtfolgewechsel eine vergebliche Mühe.

Eine andere Bekämpfungsmethode ist das Setzen von Fang- oder Fallenpflanzen. *Fallenpflanzen* stimulieren die Parasiten-Samen zum Keimen, ohne ihnen das Eindringen in die Wurzel zu erlauben. *Fangpflanzen* sind Pflanzen, die sehr stark parasitiert werden. Sie werden dicht gesät und bereits vor Erscheinen der Parasitenschößlinge untergepflügt. Bei dieser Maßnahme muß der Bauer jedoch auf eine volle Ernte verzichten.[61]

Schließlich besteht noch die Möglichkeit, die Böden stark mit Nährstoffen anzureichern, also zu düngen, denn die Striga fühlt sich am wohlsten in nährstoffarmen Böden (weshalb sie auch auf guten Äckern wie den unsrigen nicht zu finden ist). Diese Methode muß jedoch für die Länder der Sahelzone aus Kostengründen ausgeschlossen werden.

Somit bleiben Kulturpflanzen, die gegenüber ökologischen sowie biotischen Schadfaktoren resistent bzw. tolerant sind, die effizienteste Lösung für die Anbauprobleme in den Ländern der Sahelzone. Da in semi-ariden Gebieten wie dem Sahel Hirse- und Sorghum-Kulturen das größte Produktivitätspotential haben, wenn ihr Saatgut hinsichtlich solcher Eigenschaften verbessert wird, sollte sich die Forschung vermehrt auf dieses Ziel konzentrieren.

Weltweit war bis in die Mitte der siebziger Jahre Hirse trotz ihrer offensichtlichen Bedeutung für die Ernährung großer Bevölkerungsteile in den semi-ariden und ariden Tropen kaum Gegenstand von Forschungs- und Züchtungsarbeiten. Dieses Forschungsdefizit bei der wichtigsten Nahrungsmittelkultur in der Sahelzone war eines der Argumente für die Gründung der *Station de Recherche Agricole* in Cinzana, Mali.

6.3 Die Station de Recherche Agricole in Cinzana, Mali

Die landwirtschaftliche Forschungsstation in Cinzana wurde im Jahre 1979 als gemeinsames Projekt der Regierung Malis, der US-amerikanischen Entwicklungshilfe-Agentur USAID, dem internationalen Forschungsinstitut für Pflanzenbau in den semi-ariden Tropen (ICRISAT) und der CIBA-GEIGY Stiftung für Zusammenarbeit mit Entwicklungsländern beschlossen. Cinzana ist ein kleines Dorf, das etwa 35 Kilometer östlich von Ségou zwischen den Flüssen Niger und Bani liegt, also im wichtigsten Hirseanbaugebiet Malis.

Die Station selbst verfügt über 280 Hektar Land mit fünf verschiedenen Bodentypen. Bis heute (1992) werden erst etwa 80 Hektar genutzt, es besteht also noch genügend Raum für eine eventuelle Ausweitung der Forschungs- und Züchtungsarbeiten. Drei Generatoren versorgen die Station, unabhängig von der öffentlichen Stromversorgung, mit Elektrizität; über eine unterirdische Pipeline wird Wasser aus einer sieben Kilometer entfernten Quelle herbeigeschafft. Der hauptsächliche Gebäudekomplex umfaßt Forschungslabors, Bürogebäude, Lagerhallen, Werkstätten sowie Wohngebäude.

Die Einweihung der Station am 15. Juli 1983, vier Jahre nach der Unterzeichnung der Absichtserklärung, war ein erster Erfolg, der – wie sich später herausstellte – buchstäblich 'fruchtbaren' Zusammenarbeit der vier Partner. Während die Regierung Malis das Land zur Verfügung stellte und, in Zusammenarbeit mit ICRISAT, beim Entwurf der Station und der Forschungseinrichtungen beteiligt war, teilten sich USAID und die CIBA-GEIGY Stiftung die Investitionskosten.

Nach der Einweihung wurde die Forschungsstation in Cinzana unter der Kontrolle der malischen Regierung und unter der Leitung eines malischen Direktors, Dr. Oumar Niangado, Bestandteil des nationalen Forschungsprogramms. Die nicht-malischen Partner trugen durch die Mitfinanzierung der laufenden Kosten sowie durch technische, wissenschaftliche und Management-Unterstützung bei.

Die Regierung Malis übernahm von Beginn und übernimmt bis heute einen Teil der Personalkosten der Station, und zwar den für die (beamteten) Staatsangestellten. USAID und die CIBA-GEIGY Stiftung waren bis 1989 gemeinsam für die Finanzierung aller anderen laufenden Ausgaben (z.B. für Ausrüstung, Geräte, Fahrzeuge, Düngemittel, Saatgut, Benzin) zuständig. Zehn Jahre nach der Einweihung der Station (1989) schieden ICRISAT und die US-amerikanische Entwicklungshilfeagentur USAID vertragsgemäß aus[62], seither ist die CIBA-GEIGY Stiftung allein für die Finanzierung der laufenden Kosten (exkl. der Gehälter für die beamteten Staatsangestellten) zuständig.[63]

Cinzana hatte von Anfang an das Ziel, die von der malischen Regierung schon seit Jahren als ungenügend signalisierte Eigenproduktion von Nahrungsmitteln zu fördern und dabei das Hauptaugenmerk auf eine nachhaltige Ertragssteigerung bei der Perlhirse zu legen. Da die Perlhirse in Mali und anderswo in der Sahelzone hauptsächlich von Kleinbauern angebaut wird, mußte die Forschungsarbeit darauf ausgelegt sein, dieser Zielgruppe verbesserte Saatsorten und Anbautechniken zugänglich zu machen, ohne daß dafür teurere komplementäre Produktionsmittel benötigt wurden. Dieses Ziel, das zeigen alle Evaluationen, wurde erreicht.

Zunächst ging es darum, Sorten ausfindig zu machen, die von den Erbfaktoren her bestmöglich an die Gegebenheiten der Umwelt angepaßt sind. Deshalb wurden zunächst aus den traditionellen Landsorten durch Auslese besonders leistungsstarke Sorten herausgefiltert. Züchtung setzt voraus, daß Pflanzenmaterial mit einer großen Variationsbreite zur Verfügung steht, aus denen einige wenige Genotypen mit den gewünschten Eigenschaften ausgelesen und vermehrt werden können. Um die Gefahr des Verlustes wertvoller Gene aus traditionellen Sorten zu vermeiden, müssen traditionelle Landsorten ebenso wie Primitivformen und verwandte Wildarten systematisch gesammelt, ausgewertet und aufbewahrt werden. So wurde zu Beginn der Forschungsarbeiten mit der Hirse eine Saatenbank mit allen lokalen

Hirsesorten und einigen Wildhirsesorten (insgesamt etwa 1'200) eingerichtet. Versuche mit Hirsesorten aus Indien und Nordamerika vervollständigten die ersten Untersuchungen. Dabei wurde jedoch offensichtlich, daß die zu Versuchszwecken *importierten* Hirsesorten sich weder für den Anbau noch als Saatzuchtmaterial eigneten. Aus den lokalen Sorten hingegen konnten einige Stämme identifiziert werden, die für züchterische Zwecke sehr geeignet sind. Frühreife Sorten aus dem Süden Malis, die nur eine 90-tägige Vegetationszeit von der Saat bis zur Ernte haben, wurden selektioniert und im Norden des Landes zum Anbau gebracht.

Durch den Einsatz dieser Sorten wurde auch im niederschlagsarmen Norden eine akzeptable Ernte möglich. Im Süden der Hirse-Anbauregion wird diese Sorte heute von Kleinbauern auf einem Teil ihrer Felder verwendet, damit sie nicht, wenn ihr Vorrat an Hirse aus der letzten Ernte des Jahres zur Neige geht, die von Händlern gehortete Hirse teuer einkaufen müssen. Sie können stattdessen die eigene frühreife Hirse ernten und damit ihre Familien ernähren.

Mit der Hirsesorte *Toroniou de Níngali*, die vom Dogon-Plateau stammt und in Cinzana reselektioniert und mit ausgewählten Sorten eingekreuzt wurde, konnten gute Ergebnisse erreicht werden. Diese neue Sorte, die gegenüber den üblicherweise im Süden angebauten einen Mehrertrag von gut 60 kg pro Hektar erbringt (etwa 514 kg/ha statt 454 kg/ha), hat eine um eine Woche verkürzte Vegetationszeit und weist sowohl eine verbesserte Trockenheits- als auch Schädlings-Resistenz auf. Sie erbringt diese Leistung unter Produktionsbedingungen, die für die Subsistenzlandwirtschaft Malis und anderer Sahelländer typisch sind. Zur Veranschaulichung dieses – auf den ersten Blick bescheiden erscheinenden – Ertragszuwachses sei gesagt, daß mit 60 kg Hirse ein Kind während eines Jahres ernährt werden kann. Cinzana stellt von der *Toroniou*-Sorte Basissaatgut her, damit eine breitere Saatgutproduktion in die Wege geleitet werden kann. Um den Kleinbauern aus der weiteren Umgebung die Qualitäten dieser reselektionierten Hirsesorte vor Augen zu führen, wurden Demonstrationsfelder angebaut und Exkursionen organisiert.

Auch neue Anbautechniken, z.B. Mischkulturen, bei denen alternativ Reihen von Hirse und Kuhbohnen angepflanzt werden, haben zu guten Erfolgen geführt. Diese an sich recht einfache Verbesserung bringt mehrere Vorteile: Der Gesamtertrag Hirse/Kuhbohnen steigt um ca. zehn Prozent, von 646 kg/ha auf 722 kg/ha. Die Kuhbohnen können dank ihrer Knöllchen-Bakterien Stickstoff aus der Luft fixieren und bereichern so den Boden. Außerdem vereinfacht diese Methode die Aussaat und Pflege der Mischkultur.

Dank der Toleranz und teilweisen Resistenz der Kuhbohnen gegen die Striga wird die Ausbreitung dieses Unkrautes gehemmt. Wegen der unterschiedlichen Vegetationszeit von Kuhbohnen und Hirse bleiben die fragilen Böden länger bedeckt und sind somit besser vor Erosion durch Regen und Wind geschützt.

Ein interessantes Resultat der Bemühungen, die Landwirtschaft mit lokal möglichen Mischkulturen zu verbessern, war ein Ertragsanstieg bei sorgfältig geplanten (im Gegensatz zu den traditionell eher zufällig oder willkürlich ausgebrachten) Mischkulturen: Mehrere Versuche bestätigten einen meßbar höheren Ernteertrag bei sorgfältig angelegten alternierenden Hirse-/Kuhbohnen-Reihen gegenüber Hirse-Monokulturen oder gegenüber weniger systematisch angepflanzten traditionellen Mischkulturen. Mischkulturen aus Hirse und Kuhbohnen mindern auch das Ernteausfall-Risiko bei unregelmäßigen Niederschlägen, und zwar dadurch, daß die verfügbare Feuchtigkeit besser ausgenutzt wird.

Die Selektion und Züchtung von mehltauresistenten Hirsesorten, aber auch der Versuch, behaarte Körnerkolben zu züchten, damit die Bauern nicht gegen die Vögel um die Ernte konkurrieren müssen, gehören ebenso zu den Forschungszielen der Station. Sie arbeitet außerdem unter Verwendung von Hofdünger und kompostierten Hirsestengeln an verbesserten Düngetechniken. So hat man beispielsweise nach mehrjährigen Studien herausgefunden, daß sich mit einer Zugabe von Stroh die Düngersubstanz um 42 Prozent erhöhen läßt, ohne daß ihr Stickstoffgehalt verringert wird. Feldversuche haben ergeben, daß mit dieser einfachen Düngetechnik ein um 30-35 Prozent höherer Ertrag möglich ist.

Eine im Januar 1992 von einem unabhängigen Experten durchgeführte Evaluation der Forschungsstation Cinzana und ihrer Arbeit kam, wie zuvor andere Evaluationen[64], zum Ergebnis, daß in Cinzana hervorragende Arbeit geleistet wird. Ob die Station, wie die US-amerikanische Entwicklungshilfeagentur USAID lobt, gleich gut arbeitet wie vergleichbare Institutionen in den USA, ist nicht so sehr von Bedeutung wie die Tatsache, daß sie Modellcharakter für Mali und andere Sahelländer hat.[65]

Die Erfolge der Forschungs- und Züchtungsarbeit in Cinzana zeigen, daß man auch für die Lösung höchst komplizierter Probleme, wie der Sicherung einer angemessenen Versorgung mit Grundnahrungsmitteln im Sahel, nicht auf den »großen Durchbruch« warten muß. Auch die Vielzahl kleiner Schritte mit kleinem und mittlerem Erfolgspotential führt mit der Zeit zu substantiellen Verbesserungen.

6.4 Ernährungswissenschaftliche Forschung in Mali

Ergänzt werden die Forschungsprojekte der Station durch die Zusammenarbeit mit dem malischen *Ernährungsinstitut* in der Hauptstadt Bamako. Die Arbeiten des Instituts konzentrieren sich auf die Untersuchung des genetischen Materials im Verlauf der Selektion, der Eigenschaften des Getreides im Hinblick auf dessen Ernährungsqualität und dessen Verwendungsmöglichkeit für verschiedene Mahlzeiten. Weiterhin arbeitet man an der Anreicherung der traditionellen Kindernahrung mit Getreiden und Hülsenfrüchten und sucht nach neuen Möglichkeiten der Nahrungsmittelzubereitung im Haushalt.

Außer physiologischen und chemischen Analysen werden auch 'kulinarische' Untersuchungen vorgenommen. Dabei werden traditionelle malische Gerichte mit neuen Mischmehlkombinationen zubereitet und auf die geschmackliche und optische Akzeptanz der Bevölkerung durch Versuche mit Testgruppen erprobt.

Die untersuchten Mahlzeiten bestehen beispielsweise aus Hirse oder Sorghum zusammen mit Kuhbohnen oder Sojabohnen für die Zubereitung des Tô, des Couscous oder anderer Speisen. Süße Nachspeisen werden auf der Basis von neuen Kombinationen mit Weizen und Hirse, Weizen und Sorghum oder Weizen und Kuhbohnen ausprobiert. Mischmehlkombinationen sind deshalb Gegenstand so gründlicher Untersuchungen, weil man versucht, den Nährstoffgehalt der traditionellen malischen Speisen zu erhöhen:

Traditionellerweise werden Hirse, Sorghum und andere Getreide separat zubereitet und – je nach Einkommensniveau des Haushaltes oder nach Verfügbarkeit anderer Zutaten – mit Milch, Zucker, Erdnüssen, Gemüse, Knollengewächsen, Fleisch oder Fisch angereichert. Sind solche Zutaten nicht vorhanden, was bei den unteren Bevölkerungsschichten meist der Fall ist, dann ist der Nährwert der Mahlzeiten für den menschlichen Organismus ungenügend.

Die Nahrung kann somit zwar in bezug auf die Kalorienzufuhr ausreichend sein, jedoch ein Defizit an notwendigen Nährstoffen wie Proteinen, Aminosäuren, essentiellen Fettsäuren, Vitaminen, Mineralien und Spurenelementen aufweisen. Solche Defizite sind ein chronisches Problem für die Menschen der unteren sozialen Schichten aller Entwicklungsländer, auch für die Menschen in Mali.

Die größten Risikogruppen für Mangelernährung sind Kinder im Alter unter fünf Jahren sowie schwangere und stillende Frauen. Eine normalernährte Frau nimmt während der Schwangerschaft ca. 12-13 kg zu. In Ländern mit endemischer Mangel- und Unterernährung wie in Mali beträgt die Gewichtszunahme schwangerer Frauen häufig nur 3-4 kg. Sie leiden unter einer erhöhten Krankheitsanfälligkeit, und das Risiko einer Fehl- oder Frühgeburt ist wesentlich größer. Zu früh geborene Babys haben ein sehr niedriges Körpergewicht bei der Geburt und ein stark erhöhtes Sterblichkeitsrisiko. Bei Kindern wirkt sich unzureichende Nährstoffzufuhr hemmend auf das Wachstum und die Entwicklung der intellektuellen Fähigkeiten aus.

Im Labor des Ernährungsinstituts wird versucht, diesen Problemen damit zu begegnen, daß der Nährwert von Getreidemehl durch die Beigabe von Mehl aus Hülsenfrüchten (konkret: Kuhbohnen) erhöht wird. Die Kuhbohne wurde deshalb gewählt, weil sie einen Proteingehalt von bis zu 24 Prozent hat, und ihr Anbau in vielen Regionen Malis sehr verbreitet ist. Mehl aus Kuhbohnen und Hirse wird im Verhältnis $1/4$ zu $3/4$ gemischt und Kleinkindern als Zusatznahrung zum Stillen verabreicht. Insbesondere kann so der Lysingehalt, eine für die Ernährung wichtige Aminosäure, von 2,5 mg/g auf 5 mg/g verdoppelt werden. Mitarbeiter des Ernährungsinstituts und Verantwortliche der Station Cinzana geben Kurse zur Anreicherung der Mahlzeiten in Gesundheitszentren und für Frauengruppen überall dort, wo Hirse das Grundnahrungsmittel darstellt.

6.5 Vermehrung und Verbreitung selektionierter Saatsorten für Nahrungsmittelkulturen in Trockenzonen

Die Forschung nach und die Züchtung von neuen Saatsorten, die den widrigen Bedingungen der Sahelzone angepaßt sind, ist ein wichtiges Element für die Verbesserung der Nahrungsmittelsicherheit in der Sahelzone. Es reicht jedoch nicht aus, Sorten zu erforschen und zu züchten, sie müssen auch multipliziert und den Kleinbauern der Region zugänglich gemacht werden. Eines der zahlreichen Projekte, die die Ernährungs- und Landwirtschaftsorganisation der Vereinten Nationen (FAO) in Zusammenarbeit mit dem Entwicklungsprogramm der Vereinten Nationen (UNDP) und dem malischen Staat durchführt, will durch die Vermehrung und Verbreitung von verbessertem Saatgut die Situation derjenigen Bauern verbessern, die wegen Trocken-

184

heit oder Schädlingsbefall immer wieder hohe Ernteverluste hinnehmen müssen.

Im Vordergrund der Arbeit der FAO stehen jedoch nicht etwa Hochleistungssorten, mit denen unter kontrollierten Versuchsbedingungen hervorragende Erträge erzielt werden, sondern Sorten, die den spezifischen lokalen Anbaubedingungen angepaßt sind und trotz marginaler Böden, mangelhafter Düngung und Pflanzenschutz eine Ernte von 2-4 t/ha gewährleisten.

Die wichtigsten Anforderungen der FAO an das Qualitätssaatgut sind kürzere Vegetationszeit, Resistenz gegen Krankheiten und Widerstandsfähigkeit gegen Trockenperioden. Nicht zuletzt sollen die neuen Sorten auch dem Geschmack der Verbraucher entsprechen und den Frauen bei der traditionellen Zubereitung nicht mehr Arbeit machen als die alten Landsorten. Deshalb werden auch die aus der Arbeit der Forschungsstation Cinzana hervorgegangenen Varietäten vom FAO-Projekt in Dörfer aller Klimazonen Malis eingeführt. Als nächsten Schritt plant das FAO-Projekt, das Qualitätssaatgut derjenigen Sorten, die sich in der jeweiligen Gegend bewährt haben, in ausreichender Menge bereitzustellen und zu vermarkten.

Die Saatgutvermehrung ist ein anspruchsvolles Unterfangen. Sie durchläuft in Mali – wie in allen anderen Ländern der Erde – die folgenden Etappen:

- Aus Gründen der Qualitätskontrolle wird das Elitesaatgut zunächst noch von der Forschungsstation in Cinzana selbst auf ca. 1,5 ha angebaut. Die enge Zusammenarbeit von Forschung und Saatgutvermehrung ermöglicht einen für beide Seiten wertvollen Erfahrungsaustausch.
- Die Vermehrung zur ersten Reproduktion (R_1) geschieht auf staatlichen Farmen (auf etwa 20 ha pro Jahr), wobei hier die personelle sowie finanzielle Unterstützung des Projektes mit der Zeit abnehmen soll. Der Anbau soll sich bei Projektende durch den Verkauf des produzierten R_1-Saatgutes selbst tragen.

- Zur Herstellung der zweiten Reproduktion (R_2) sind Dorfgenossenschaften in den verschiedenen Klimazonen Malis, in denen das FAO-Projekt aktiv ist, gebildet worden. Die Phase der Herstellung des R_2-Saatgutes ist die arbeitsintensivste aller Phasen.
- Die Qualität des produzierten Saatgutes (Elite, R_1, R_2) wird von einer unabhängigen, staatlichen Stelle beim Anbau auf dem Feld und nach der Ernte im Labor überprüft. Nach international gültigen Regeln wird dann dem Saatgut das Zertifikat »Qualitätssaatgut« verliehen – oder es wird disqualifiziert, wonach es noch als Nahrungsmittel verwendet werden kann.
- Das zertifizierte R_2-Saatgut wird nun an die Bauern abgegeben und muß bei Hirse und Mais alle drei Jahre, bei Ackerbohnen alle vier Jahre erneuert werden, damit durch die in der freien Natur vorkommenden unkontrollierten Einkreuzungen keine Qualitätsminderungen auftreten.

Zur Durchführung dieser Aufgabe ist das Projekt in die bestehenden malischen Strukturen eingebettet, mit denen es je nach Vermehrungsstufe eng zusammenarbeitet.

Im Jahre 1990 wurden 16 Dorfgemeinschaften im Rahmen der Saatgutproduktion betreut, dies in Zusammenarbeit mit den jeweils zuständigen malischen »Entwicklungsförderungs-Organisationen« (ODR). Auf diese Weise wurden 250 Tonnen zertifiziertes R_2-Saatgut produziert und verkauft; davon 235 Tonnen Hirse, 10 Tonnen Mais und 5 Tonnen Ackerbohnen. Dies ermöglichte im Jahre 1991 den Anbau von 25'000 ha mit Hirse-, 350 ha mit Mais- und 250 ha mit Ackerbohnen-Qualitätssaatgut. Der Saatgutbedarf wird vom malischen Staat über seine flächendeckenden Bauernberatungsstellen jährlich im voraus ermittelt und an die Saatgut-Genossenschaften weitergeleitet. Diese übernehmen auch den Verkauf des Saatgutes an die Bauern und deren Beratung in bezug auf die angebotenen Sorten. Die Felder der Saatgut-Genossenschaften dienen als Demonstrationsfelder in der jeweiligen Gegend. Der Verkauf wird durch Radioprogramme in den verschiedenen Landessprachen unterstützt; in den Sendungen berichten Genossenschaftsmitglieder kritisch über ihre Erfahrungen mit den neuen Sorten.

Einerseits ist der malische Bauer – wie die meisten seiner Berufskollegen auf der Welt – Neuerungen gegenüber zunächst skeptisch eingestellt. Sein Zögern ist durchaus rational, denn angesichts der großen Armut im ländlichen Raum der Sahelzone kann ein Mißerfolg Not oder sogar Hunger der ganzen Familie zur Folge haben. Diese Tatsache und die geschmackliche Beliebtheit der alten Landsorten machen ein langsames, schrittweises Vorgehen erforderlich.

Andererseits gibt es jedoch nichts Schlimmeres für ein Saatgutprojekt, als unverkäufliches Saatgut herzustellen, denn dies zieht zwangsläufig den Bankrott des Projektes nach sich. In diesem Zusammenhang war es nicht ganz einfach, einen 'richtigen' Preis für das R_2-Saatgut zu ermitteln: Es mußte ein Preis sein, der gleichzeitig den Saatgutvermehrern genügend Anreiz gibt, gute Arbeit zu leisten, aber auch niedrig genug ist, daß sich die meist armen Kunden die neuen Sorten überhaupt leisten konnten. Dieses Problem konnte zur Zufriedenheit aller gelöst werden, indem auf die traditionelle Methode des »Troc« zurückgegriffen wurde, die es dem Bauern bei Geldmangel ermöglicht, nach der Ernte seine Saatgutschulden im Verhältnis 1 : 2 mit Erntegut zu begleichen. So muß er z.B. für 7 kg Hirsesaatgut – Aussaatmenge für 1 ha Land – nach der Ernte (ca. 514 kg) 14 kg Hirse zurückzahlen. Eine Subventionierung des Saatgutpreises wird aus verschiedenen Gründen nicht praktiziert. Bei Projektende soll R_2-Saatgut für 195'000 ha produziert und verkauft worden sein. Das FAO-Projekt strebt an, nach seiner Beendigung der malischen Landwirtschaft ein funktionierendes System zu hinterlassen, damit die Bauern auch weiterhin mit qualitativ gutem Saatgut in ausreichender Menge versorgt werden können.

III
Schlußbemerkungen

Die Nahrungsmittelversorgung der Menschen im Sahel ist durch ein vielfältiges Bündel von Problemkreisen gefährdet, die alle miteinander verknüpft sind und – im positiven wie im negativen Sinne – aufeinander einwirken. Wird zum Beispiel wegen ausbleibender Niederschläge die Desertifikation gefördert, so entstehen kumulative Prozesse, die auf alle anderen Verursachungsfaktoren der ländlichen Armut negative Auswirkungen haben. Jedes der einzelnen Teilprobleme, sei es die Desertifikation, die unangemessene Landwirtschaftspolitik, der Mangel an geeignetem Saatgut, die Benachteiligung der Frauen oder anderes, stellt schon für sich allein ein erhebliches Hindernis für eine Verbesserung des ländlichen und landwirtschaftlichen Status quo dar. Das synergistische Zusammenwirken aller Teilprobleme gefährdet das Überleben der Menschen im Sahel.

Erfolgversprechendes Vorgehen, das aus dieser tragischen Situation führt, gleicht eher dem mühsamen Zusammensetzen eines komplizierten Puzzle als dem Durchschlagen eines gordischen Knotens. Erforderlich ist eine angemessene nationale Entwicklungspolitik, die die drei wesentlichen Problemkreise der Sahelzone – Stagnation der landwirtschaftlichen Produktion, zu hohes Bevölkerungswachstum und die Zerstörung der natürlichen Ressourcenbasis – ins Zentrum aller Bemühungen stellt.[66]

Dazu ist ein koordiniertes Bündel von Maßnahmen notwendig, die den spezifischen lokalen Bedingungen angepaßt sind, und die mit den Betroffenen abgestimmt, von ihnen erwünscht und in Zusammenarbeit mit ihnen umgesetzt werden. Einzelmaßnahmen führen selten zum Ziel, sie laufen Gefahr zu versickern.

Unterstützung von außen, also Projekte und Programme der internationalen Entwicklungszusammenarbeit, können die lokale Entwicklungspolitik erleichtern und ergänzen, vielleicht im einen oder anderen Fall deren Erfolge beschleunigen; sie können jedoch nie ein Ersatz dafür sein. Von außen aufgepfropfte Projekte und Programme sind – im Sahel wie anderswo – zum Scheitern verurteilt.

Wenn nicht nur ein »Überleben im Sahel«, sondern auch ein lebenswertes Dasein für die dortigen Menschen heute und in der Zukunft gewährleistet werden soll, so ist wesentlich mehr erforderlich als ein paar Jahre ausreichender Niederschläge, Aufforstung oder neue Saatsorten. Für die langfristige Existenzsicherung und die Steigerung der Lebensqualität der Menschen in der Sahelzone ist zunächst einmal die Beseitigung der – in den jeweiligen Ländern ähnlichen, aber nicht identischen – politischen, sozialen, wirtschaftlichen und technischen Entwicklungshemmnisse erforderlich. Diese Aufgabe beinhaltet die Förderung der *ländlichen Entwicklung*, die eine produktivere Nutzung der Ressourcen im ländlichen Raum auf eine umwelterhaltende und sozial verträgliche Art und Weise ermöglicht. Das Produktionspotential im Ackerbau, soweit es den Trockenfeldbau betrifft, ist in der Sahelzone aufgrund der natürlichen Gegebenheiten begrenzt – es auf ökologisch verträgliche Art und Weise auszuschöpfen, setzt andere politische und wirtschaftliche Rahmenbedingungen voraus, als heute in den meisten Ländern gegeben sind.

Um nachhaltige Impulse für wirtschaftliche und soziale Entwicklungsprozesse im ländlichen Raum auszulösen, müssen die dort lebenden Menschen eine ihrem entwicklungspolitischen Gewicht angemessene Priorität erhalten. Konkret: Das Handlungspotential der Menschen im ländlichen Raum muß gefördert, ihre Eigenständigkeit und Eigenverantwortung gesteigert und ihre Selbstbestimmung gewährleistet werden. Die im Sahel lebenden Menschen selbst müssen (wieder) die zentrale und aktive Rolle bei der Lösung ihrer Probleme übernehmen. Unterstützendes Handeln von außen muß darauf abgestellt sein, dies zu ermöglichen und sich mit der Zeit überflüssig zu machen. Das ist auch eine der zentralen Forderungen der kritischen Analyse, welcher die internationalen Entwicklungshilfebemühungen im Sahel in der Mitte der achtziger Jahre unterzogen wurde und die Geber- und Empfängerländer zu einer revidierten Strategie führte.[67]

192

Der Minimalkatalog der erforderlichen entwicklungspolitischen Schritte beinhaltet

- ordnungspolitische Entscheidungen, die »[...] das Prinzip der Freiheit auf dem Markt mit dem des sozialen
  Ausgleichs verbinden[68]«, d.h. die Schaffung eines günstigen Umfeldes für wirtschafliche Entwicklung, z.B.
  durch die Förderung privater Initiativen und den Ab-
  bau staatlicher Eingriffe in die Preisgestaltung; aber
  auch die Einführung sozialpolitischer Maßnahmen, die
  die Befriedigung der Grundbedürfnisse für die in absoluter Armut lebende Bevölkerung ermöglichen;
- den Aufbau bzw. Ausbau der materiellen Infrastruktur, z.B. in den Bereichen Straßen, Transport- und La-
  gerfazilitäten, Energieversorgung (Elektrizität), Ge-
  sundheits- und Ausbildungsinstitutionen, Trinkwasserversorgung sowie Bewässerungssysteme;
- Maßnahmen zur Umwelterhaltung und Schonung
  nicht-erneuerbarer Ressourcen;
- die Förderung des Kleingewerbes und des lokalen
  Handwerks; und last, but not least
- die Förderung sozialen Wandels, der den Frauen eine
  gleichberechtigte gesellschaftliche Stellung, gleichberech-
  tigten Einbezug in alle Facetten entwicklungspolitischen
  Handelns und gleichberechtigte Teilhabe an den wirtschaftlichen Ergebnissen ihrer Arbeit ermöglicht – kurz:
  die Durchsetzung der Menschenrechte für die Frauen.

Bei der Durchführung der erforderlichen Projekte und
Programme ist möglichst arbeitsintensiv vorzugehen, damit
ein Maximum an Arbeitsplätzen im ländlichen Raum geschaffen wird. Die dadurch geschaffene Kaufkraft erleichtert das
Entstehen von Märkten und fördert die Diversifizierung der
Produktionsstruktur, was weitere positive Verknüpfungs-
effekte zur Folge hat.

Ländliche Entwicklungstrategien für eine tragfähige
landwirtschaftliche Entwicklung haben verschiedene, miteinander verknüpfte Dimensionen, deren Gewicht von Region zu
Region verschieden, aber stets groß ist:

- die Mobilisierung der ländlichen Bevölkerung durch Schaffung bzw. Stärkung von Institutionen, die das vorhandene Problemlösungspotential wecken und Initiativen stimulieren;
- die Förderung und den sozialverträglichen Einsatz menschlicher Kapazitäten sowie die produktivere und effizientere Nutzung der natürlichen Ressourcen unter Bewahrung der Ressourcenbasis;
- der Ausbau ländlicher Beratungsdienste und deren Ausrichtung auf die spezifischen Bedürfnisse der Kleinbauernschaft – sowohl der männlichen als auch der weiblichen (!) – sowie die zuverlässige Versorgung beider mit allen notwendigen Inputs (Geräte, Saatsorten, Dünger und Pflanzenschutzmittel);
- Verbesserung des Kredit- und Vermarktungssystems (und die Sicherstellung des Zugangs für *beide* Geschlechter), wobei der Entwicklung des Genossenschaftswesens erheblich größere Beachtung geschenkt werden sollte, da ihre Intention der »gemeinschaftlichen Tätigkeit zur Erringung von Sachwerten« ein besonders wichtiger Bestandteil von Lösungen für die Probleme der Menschen im Sahel ist;[69] und schließlich
- eine intensivierte landwirtschaftliche Forschung und Entwicklung, damit neue Wege, Mittel und Methoden für eine umweltverträgliche Produktionssteigerung bei Nahrungsmittel- und Exportkulturen gefunden und in der Praxis angewendet werden können.

Dabei wird es in Zukunft erforderlich sein, traditionelle und moderne Methoden der Ressourcennutzung enger miteinander zu verknüpfen, wie zum Beispiel einen verringerten Einsatz der Brandrodung, um die Wiederbewaldung erosionsanfälliger Gebiete zu ermöglichen, die Entwicklung ökologisch angepaßter Anbauformen wie z.B. die Agro-Forstwirtschaft, sowie verbessertes Weidenflächenmanagement.[70] Bei all dem ist von großer entwicklungspolitischer Bedeutung, daß durch die Maßnahmenpakete besonders die Kleinbauern bzw. Kleinbäuerinnen gefördert werden, denn sie stellen die Mehrheit in der Sahelzone dar.

Das heutige wirtschaftliche, soziale und ökologische Erscheinungsbild der Sahelländer ist düster – aber das ist nicht die ganze Geschichte: Es gibt auch hoffnungsvolle Zeichen, man muß sie nur erkennen. Die Tatsache, daß mit angemessener Landwirtschaftspolitik und gezielten Maßnahmen zur Förderung der ländlichen Entwicklung auch in einem Sahelland substantielle Erfolge möglich werden, kann am Beispiel der Republik Niger belegt werden. Niger, das alle sozialen und ökologischen Charakteristika eines typischen Sahellandes aufweist und auch vom gleichen Klima betroffen ist wie alle Nachbarländer, konnte mit seiner Landwirtschaftspolitik sogar im Krisenjahr 1984 so große Überschüsse erwirtschaften, daß Nahrungsmittelexporte in die Nachbarländer möglich waren, ohne die Versorgung der eigenen Bevölkerung zu gefährden. Neben gezielten Investitionen in die ländliche Infrastruktur trug vor allem die Preispolitik für Nahrungsmittel dazu bei, daß die Bauern Nigers ihre Produktion steigerten. Die Überschüsse wurden genutzt, um Nahrungsmittelreserven anzulegen, mit denen die Bevölkerung im Krisenjahr 1984 versorgt werden konnte. Als Beispiel für negative Auswirkungen der nationalen Politik auf die Landwirtschaft kann der Tschad genannt werden, wo wegen der anhaltenden politischen Unruhen die ländliche Entwicklung ganz vernachlässigt wurde, und kriegerische Auseinandersetzungen die Nahrungsmittelversorgung zusätzlich verschlechterten.

Welche Bedeutung haben unter diesen Umständen das Saatgut und die diesbezügliche Forschung? Nun, den spezifischen Umweltbedingungen und Bedürfnissen angepaßtes Saatgut ist sicherlich *keine hinreichende* Bedingung für die Lösung aller Probleme. Es ist aber *ein* notwendiger Stein im großen Mosaikbild ländlicher Entwicklung und *ein* Mittel zur nachhaltigen Lösung des Problems der Nahrungsmittel-Selbstversorgung, denn ohne angepaßtes Saatgut wächst auch bei bester Landwirtschaftspolitik nichts mehr. Der Saatgutforschung und -entwicklung kommt daher eine große

Bedeutung zu. Dies um so mehr, wenn sie – wie durch die Station in Cinzana oder durch andere, ähnlich gelagerte Forschungsstationen – im Land selbst geschieht, auf einheimische Probleme und Bedürfnisse ausgerichtet ist, die Ergebnisse patentfrei sind und somit zu Preisen abgegeben werden können, die der niedrigen Kaufkraft der Kleinbauern bzw. Kleinbäuerinnen im Sahel entsprechen.

Wenn Nahrungsmittelimporte und Nahrungsmittelhilfe von außen durch eine eigenständige inländische Produktion abgelöst werden sollen, wenn die Subsistenzlandwirtschaft den Kleinbauern und Kleinbäuerinnen wieder eine Lebensgrundlage bieten soll, dann ist eben auch Saatgut notwendig, das die harte Arbeit auf den unwilligen Böden des Sahel mit einem entsprechenden Ertrag belohnt.

Wird ein solcher technischer Fortschritt von angemessenen politischen, wirtschaftlichen und sozialen Reformen begleitet und, falls erforderlich, von außen mit Mitteln der Entwicklungszusammenarbeit unterstützt, dann wird es hoffentlich einmal nicht mehr um das bare »Überleben im Sahel« gehen, dann kann vielleicht einmal »Über das Leben im Sahel« mit romantischerem Unterton berichtet werden.

Die Zeit für entwicklungspolitische und technische Veränderungen in den Ländern der Sahelzone drängt. Die gegenwärtigen sozialen, wirtschaftlichen und ökologischen Probleme sind so groß und die Verschlechterungsprozesse so deutlich spürbar, daß man sich der »Ethik der Zeit«, zu welcher der Club of Rome[71] auffordert, bewußt werden sollte:

»Wir geben zu bedenken, daß auch die Zeit einen ethischen Wert hat. Jede verlorene Minute, jede aufgeschobene Entscheidung bedeutet, daß mehr Menschen an Hunger und Unterernährung sterben, bedeutet, daß die Zerstörung der Umwelt so weit voranschreitet, daß sie nicht mehr rückgängig gemacht werden kann. Niemand wird jemals genau den menschlichen und finanziellen Preis der verlorenen Zeit kennen.«

196

Anmerkungen zu Teil II und III

1 Weltbank: Weltentwicklungsbericht 1991. Washington, D.C. 1991.
2 Vgl. z.B. Sasson A.: Effects of climatic variation on production. In: Sasson A.: Feeding tomorrow's world. Sextant Series No. 3, UNESCO/CTA, Paris 1990, S. 253.
3 Weltbank: Weltentwicklungsbericht 1991. Op. cit. S. 286.
4 Daten aus FAO: Production Yearbook 1990. Rom 1991, S. 185.
5 International Country Risk Guide, Subssaharan Africa, Januar 1991.
6 Abdruck mit freundlicher Genehmigung des Informationsdienst 3. Welt (i3w), Bern.
7 Siehe zur allgemeinen Bevölkerungsproblematik und zu den Voraussetzungen für sinkende Geburtenraten: Leisinger K.M.: Hoffnung als Prinzip. Bevölkerungswachstum: Einblicke und Ausblikke. Erscheint bei Birkhäuser, Basel/Boston/Berlin, Herbst 1992.
8 Siehe UNDP: Human Development Report 1991, S. 137.
9 Vgl. Lecaillon J./Morrisson Ch.: Economic Policies and Agricultural Performance. The Case of Mali 1960-1983. OECD, Paris 1986, S. 19.
10 Vgl. Lecaillon J./Morrisson Ch.: Economic Policies and Agricultural Performance. The Case of Mali 1960-1983. OECD, Paris 1986, S. 19 und S. 76 f. Ebenso Staatz J.M./Dioné J./Dembélé: Cereals Market Liberalization in Mali. In: World Development, Vol. 17, No. 5, Pergamon Press, Oxford 1989, S. 703-718.
11 Humphreys C.P.: Cereal policy reform in Mali. Draft Report. Weltbank, Washington D.C. 1986, S. 5.
12 Siehe dazu Staatz J.M. et. al. Op. cit. S. 704.
13 Siehe dazu auch Mondot-Bernard J./Labonne M.: Satisfaction of food requirements in Mali to 2000 a.D. Development Centre Studies, Development Centre of the OECD, Paris 1982, S. 41.
14 Siehe dazu Staatz J.M. et. al. Op. cit. S. 705.
15 Ebenda, S. 706.
16 Ebenda, S. 712.
17 Siehe z.B. Leisinger K.M.: Die «Grüne Revolution»: Eine revidierte Beurteilung im Lichte neuer empirischer Erfahrungen. In: Außenwirtschaft, 39. Jhg, H. IV, 1984, S. 357-381; ders.: Die «Grüne Revolution» im Wandel der Zeit: Technologische Variablen und soziale Konstanten. Erschienen als: Social Strategies Forschungsberichte. Vol. 2, No. 2, Basel 1987. Ebenso Swaminathan M.S.: Science and the Conquest of Hunger. New Delhi 1983.

18 Diourte Z.: Etude socio-économique aux environs de la station de recherche agronomique de Cinzana. IER-DET, Bamako, Mali 1990.

19 Siehe dazu Rachie K.O.: The Millets. Importance, Utilization and Outlook. International Crops Research Institute for the Semi-Arid Tropics (IRCISAT), Hyderabad, India 1975.

20 Genau 29'817'000 t; siehe FAO: Production Yearbook 1990. Rom 1991, S. 83.

21 Hauptsächliche Quelle für diesen Textabschnitt: Plarré W.: Entstehung und Verbreitung der Kulturpflanzen. In: Rehm S. (Hrsg.): Handbuch der Landwirtschaft und Ernährung in den Entwicklungsländern. Band 3: »Grundlagen des Pflanzenbaues in den Tropen und Subtropen«. Eugen Ulmer Verlag, Stuttgart 1986, S. 193 ff.

22 Siehe FAO: Production Yearbook 1990. Op. cit. S. 84.

23 Dies ist der Weltdurchschnitt laut FAO: Production Yearbook 1990. Die entsprechenden Daten für Afrika und Asien sind 0,7 und 0,8 t/ha, der durchschnittliche Ertrag in den Industrieländern war 1990 etwa 1,25 t/ha.

24 Quelle: Rehm S.: Hirsen. In: Rehm S. (Hrsg.): Handbuch der Landwirtschaft und Ernährung in den Entwicklungsländern. Band 4: »Spezieller Pflanzenbau in den Tropen und Subtropen. 2. völlig neubearb. u. erw. Aufl., Eugen Ulmer Verlag, Stuttgart 1989, S. 79 f.

25 Ebenda S. 80 f. Siehe auch Hanna W.W.: Utilzation of Wild Relatives of Pearl Millet. In: ICRISAT: International Pearl Millet Workshop Proceedings, 7.-11. April 1986, Patancheru, A.P./India 1986, S. 34.

26 Rachie K.O.: The Millets. Op. cit. S. 48. Siehe dazu auch Rooney L.W./McDonough C.M.: Food Quality and Consumer Acceptance of Pearl Millet. In: ICRISAT: International Pearl Millet Workshop Proceedings, 7.-11. April 1986, Patancheru, A.P./India 1986, S. 43 ff.

27 Siehe Rachie K.O. Op. cit. S. 29. Ebenso Rooney L.W./McDonough C.M. Op. cit. S. 53.

28 Siehe hierzu hauptsächlich House L.R.: Sorghum. In: Rehm S. (Hrsg.): Handbuch der Landwirtschaft und Ernährung in den Entwicklungsländern. Band 4: »Spezieller Pflanzenbau in den Tropen und Subtropen«. Op. cit. S. 40 ff. Aber auch: Sasson A.: Achievements and potential: International cooperation and prospects. The »green revolution«. In: Sasson A.: Feeding tomorrow's world. Sextant Series No. 3, UNESCO/CTA, Paris 1990, S. 488 f.

29 Siehe House L.R. Sorghum. Op. cit. S. 42.

30 Alle statistischen Angaben aus FAO: Production Yearbook 1990. Op.cit. S. 85 f.

31 Siehe Sasson A. Op. cit. S. 489 ff.

32 Siehe FAO: Production Yearbook 1990. Op. cit. S. 87 f.

33 Siehe Chinsman B.: Choice of technique in sorghum and millet milling in Africa. In: Proceedings of the Symposium on the Processing of Sorghum and Millets: Criteria for Quality of Grains and Products for Human Food, 4.-5. Juni 1984, International Association of Cereal Chemistry, Wien, Österreich, S. 83-92.

34 Siehe Haidera M./Bengaly M.A.: L'expérience du laboratoire de Technologie Céréalière dans le Domaine de l'Utilisation des Farines Composées. Ministère de l'Agriculture/Institut d'Economie Rurale, Bamako, Mali 1990.

35 Siehe Chinsman B. Op. cit.

36 Siehe Haidera M./Bengaly M.A. Op. cit.

37 Siehe Rooney L.W./McDonough C.M.: Food Quality and Consumer Acceptance of Pearl Millet. Op. cit. S. 47. Rooney und McDonough beschreiben sehr anschaulich die Zubereitungsarten der verschiedensten traditionellen Mahlzeiten.

38 Ebenda, S. 50.

39 Vgl. FAO: Production Yearbook 1990. Op. cit. S. 85.

40 Siehe Staatz J.M./Dioné J./Dembélé: Cereals Market Liberalization in Mali. In: World Development, Vol. 17, No. 5, Pergamon Press, Oxford 1989, S. 704.

41 Ebenda.

42 Siehe dazu Rogers B./Lowdermilk M.: Price policy and food consumption in urban Mali. In: Food Policy, Dezember 1991, S. 461-473.

43 Ebenda.

44 Ebenda.

45 Vgl. Staatz J.M./Dioné J./Dembélé N.N.: Cereals Market Liberalization in Mali. Op. cit. S. 713. Ebenso: Coulibaly O.N.: Aspects socio-économiques de la production du mil et du sorgho au Mali. In: Mil et sorgho au Mali. Communications présentées au Séminaire sur le mil et le sorgho au Mali. ICRISAT, Bamako, Mali, 4.-8. Oktober 1988, S. 29-37.

46 Siehe dazu u.a.: Coulibaly O.N.: Aspects socio-économiques de la production du mil et du sorgho au Mali. Op. cit. Ebenso Niangado O./Traoré K.A.: Amélioration variétale du mil, *Pennisetum glaucum* (L.) R. Br., au Mali: Bilan de dix années de recherche. Orientations futures. In: Mil et sorgho au Mali. Communications pré-

sentées au Séminaire sur le mil et le sorgho au Mali. ICRISAT, Bamako, Mali, 4.-8. Oktober 1988, S. 129-156.

47 Siehe dazu Dioné J./Staatz J.M.: Market liberalization and food security in Mali. Agricultural Economics Staff Paper, No. 87-73. Michigan State University, Department of Agricultural Economics, East Lansing, Michigan 1987.

48 Siehe dazu u.a.: ICRISAT: International Pearl Millet Workshop Proceedings, 7.-11. April 1986, ICRISAT Center, Patancheru, A.P., India 1986, S. 19 f.

49 Ebenda, S. 143 f. Sowie Niangado O./Traoré K.A.: Amélioration variétale du mil, *Pennisetum glaucum* (L.) R. Br., au Mali: Bilan de dix années de recherche. Orientations futures. Op. cit. S. 133.

50 Siehe dazu Alkämper J.: Unkrautbekämpfung in den Tropen und Subtropen. In: Rehm S. (Hrsg.): Handbuch der Landwirtschaft und Ernährung in den Entwicklungsländern. Band 3: »Grundlagen des Pflanzenbaues in den Tropen und Subtropen«. Eugen Ulmer Verlag, Stuttgart 1986, S. 459 ff.

51 Siehe dazu Sasson A., op. cit. S. 490 f.

52 Ebenda.

53 Siehe Niangado O./Traoré K.A.: Amélioration variétale du mil, *Pennisetum glaucum* (L.) R. Br., au Mali: Bilan de dix années de recherche. Orientations futures. Op. cit. S. 135.

54 Prognosen dieser Art gehen von unveränderten oder leicht sinkenden Sterberaten aus und berücksichtigen katastrophale Verschlechterungen, wie z.B. eine dramatische Ausbreitung der AIDS-Krankheit, nicht.

55 Zur umfassenden Diskussion der Probleme des Bevölkerungswachstums armer Länder siehe Leisinger K. M.: Hoffnung als Prinzip. Bevölkerungswachstum: Einblicke und Ausblicke. Erscheint bei Birkhäuser, Basel/Boston/Berlin, Herbst 1992.

56 Quelle: Rehm S.: Ökophysiologie der tropischen und subtropischen Nutzpflanzen. In: Rehm S. (Hrsg.) Handbuch der Landwirtschaft und Ernährung in den Entwicklungsländern. Band 3: »Grundlagen des Pflanzenbaues in den Tropen und Subtropen.« Eugen Ulmer Verlag, Stuttgart 1986, S. 106 f.

57 Quelle: Kranz J./Zoebelein G.: Pflanzenschutz in den Tropen und Subtropen. In: Rehm S. (Hrsg.) Handbuch der Landwirtschaft und Ernährung in den Entwicklungsländern. Band 3: »Grundlagen des Pflanzenbaues in den Tropen und Subtropen.« Eugen Ulmer Verlag, Stuttgart 1986, S. 377 ff.

58 Ebenda S. 388 ff.

59 Zum Thema »Gentechnik« und deren Nutzen und Risiken für die

Länder der Dritten Welt siehe Leisinger K.M.: Gentechnik für die Dritte Welt? Birkhäuser Verlag, Basel/Boston/Berlin 1991.

60 Quelle: Alkämper J.: Unkrautbekämpfung in den Tropen und Subtropen. In: Rehm S. (Hrsg.) Handbuch der Landwirtschaft und Ernährung in den Entwicklungsländern. Band 3: »Grundlagen des Pflanzenbaues in den Tropen und Subtropen.« Eugen Ulmer Verlag, Stuttgart 1986, S. 451 ff., bes. S. 459 f.

61 Ebenda.

62 Und zwar aus Gründen der Selbstbegrenzung des Engagements und wohl auch wegen der Tatsache, daß mit der Ciba-Geigy Stiftung ein potenter Partner für die weitere Finanzierung zur Verfügung stand. Der Ausstieg aus Cinzana ermöglichte USAID die Aufnahme anderer, mehr regional ausgerichteter Aktivitäten vergleichbarer Dringlichkeit.

63 Die vertraglich zugesagte Finanzierung (1990-1995) beläuft sich auf 500'000 Schweizer Franken pro Jahr. In dieser Summe sind nicht enthalten alle Kosten, die für Beratung (Wissenschaft, Management, Werkstatt-Management, etc.) und andere personelle Unterstützung anfallen.

64 Z.B. diejenige der ISNAR (International Service for National Agricultural Research) von 1989 und die ICRISAT/USAID-Evaluation von 1990.

65 Siehe Yudelman M.: An Evaluation of the Research Station at Cinzana, Mali. Washington D.C./Basel 1992 (Ciba-Geigy-Stiftung für Zusammenarbeit mit Entwicklungsländern).

66 Siehe dazu auch McNamara R.: Africa's Development Crisis: Agricultural Stagnation, Population Explosion, and Environmental Degradation. Global Coalition for Africa, Washington, D.C. 1991.

67 Siehe OECD/CILLS/Club du Sahel: Proposals for a Revised Strategy for Drought Control and Development in the Sahel. OECD, Paris 1984.

68 So beschrieb Alfred Müller-Armack sein Konzept der »sozialen Marktwirtschaft« in: Wirtschaftsordnung und Wirtschaftspolitik. Studien und Konzepte zur sozialen Marktwirtschaft und zur europäischen Integration. Freiburg i. Br. 1966, S. 243.

69 Siehe dazu Trappe P.: Zur Entwicklungsfunktion des Genossenschaftswesens unter Berücksichtigung vorgegebener Sozialstrukturen. In: Trappe P.: Entwicklungssoziologie. Erschienen als Social Strategies Vol. 12, Basel 1984 (herausgegeben und eingeleitet von H.W. Debrunner), S. 205-224. Ebenso: Wege zu einer afrikanischen Genossenschaft? Ebenda S. 417-430. Sowie Trappe P.: Die

Entwicklungsfunktion des Genossenschaftswesens am Beispiel ostafrikanischer Stämme. Luchterhand, Neuwied und Berlin 1966.

70 Siehe dazu Manshard W.: Entwicklungsprobleme in den Agrarräumen des tropischen Afrika. Wissenschaftliche Buchgesellschaft, Darmstadt 1988, S. 15 f. Siehe zur Agro-Forstwirtschaft Von Maydell H.-J.: Agroforstwirtschaft in den Tropen und Subtropen. In: Rehm S. (Hrsg.): Handbuch der Landwirtschaft und Ernährung in den Entwicklungsländern. Band 3: »Grundlagen des Pflanzenbaues in den Tropen und Subtropen«. Eugen Ulmer Verlag, Stuttgart 1986, S. 169 ff.

71 Siehe Club of Rome: Die globale Revolution. Erschienen als »Spiegel Spezial«, Nr. 2, 1991, S. 125.

Gentechnik für die Dritte Welt?

Ein Buch, das sich kritisch mit der Problematik der Gentechnik für die Dritte Welt auseinandersetzt: Welchen Nutzen und welche Risiken bringt die Gentechnik der Dritten Welt?

Das Buch von Klaus M. Leisinger ist das erste, das sich mit der Problematik der Gentechnik für die Dritte Welt auseinandersetzt. Es bietet dem interessierten Leser einen anspruchsvollen und verständlichen Einblick in die Problematik und führt interessante Lösungsansätze auf.

Der Autor behandelt ausführlich den entwicklungspolitischen Nutzen der Gentechnik in den Bereichen Gesundheit, Landwirtschaft und Umweltschutz, wobei er Nutzen und Risiko einander kritisch gegenüberstellt.

Aus dem Vorwort von Prof. Werner Arber, Nobelpreisträger für Medizin:

«... Ich hoffe, daß das Buch nicht nur zum besseren Verständnis der breiten Öffentlichkeit beiträgt, sondern auch die Aufmerksamkeit von Biologen, Medizinern, Soziologen und Politikern auf sich zieht und als kritischer, interdisziplinärer Beitrag zur Debatte über Nutzen und Risiken der Gentechnik in der Dritten Welt genutzt wird.»

Klaus M. Leisinger
Gentechnik für die Dritte Welt?
174 Seiten mit 11 Tabellen.
Gebunden
ISBN 3-7643-2659-X